教育部人文社会科学研究青年基金资助项目（14YJCZH030）成果
湖南省教育厅青年项目（15B186）阶段成果
湖南省社科基金项目（15YBX011）阶段成果

传统聚落的生态智慧及当代发展

—— 基于武陵山片区的重点调查

方 磊 著

U0206611

西南交通大学出版社
·成 都·

图书在版编目（CIP）数据

传统聚落的生态智慧及当代发展：基于武陵山片区
的重点调查 / 方磊著. 一成都：西南交通大学出版社，
2019.11
ISBN 978-7-5643-7190-6

Ⅰ. ①传… Ⅱ. ①方… Ⅲ. ①山区 – 聚落环境 – 生态
环境 – 调查研究 – 湖南 Ⅳ. ①X21

中国版本图书馆 CIP 数据核字（2019）第 251931 号

Chuantong Juluo de Shengtai Zhihui ji Dangdai Fazhan
——Jiyu Wuling Shan Pianqu de Zhongdian Diaocha

传统聚落的生态智慧及当代发展
——基于武陵山片区的重点调查

方 磊 著

责 任 编 辑	居碧娟
封 面 设 计	墨创文化
	西南交通大学出版社
出 版 发 行	（四川省成都市金牛区二环路北一段 111 号
	西南交通大学创新大厦 21 楼）
发 行 部 电 话	028-87600564　028-87600533
邮 政 编 码	610031
网 址	http://www.xnjdcbs.com
印 刷	成都中永印务有限责任公司
成 品 尺 寸	170 mm × 230 mm
印 张	15
字 数	223 千
版 次	2019 年 11 月第 1 版
印 次	2019 年 11 月第 1 次
书 号	ISBN 978-7-5643-7190-6
定 价	78.00 元

前言

2018 年 6 月，长江流域暴雨不断。湖北、重庆、长沙、江西、贵州等省市都发生了强降雨过程，南昌、武汉等城市陷入"洪涝成海"的局面。此外，城市雾霾、热岛效应、自然资源匮乏，水体富营养化等问题凸显。与此同时，许多传统村落却能"独善其身"，如自古洪而不涝的浙江诸葛八卦村、安徽黄山宏村的雨洪系统，无不展示出传统村落在人居环境、雨洪蓄排、自然资源利用等方面显著的生态智慧。在现代资源匮乏和人居环境面临严峻挑战和困境之时，传统村落带给我们的启示与出路何在？深入梳理、研究与揭示隐藏在传统村落中的生态智慧，对于当前推进乡村振兴战略，破解乡村发展生态困境，促进生态文明建设有着重要的理论与现实意义。

正是在这样一种使命下，从 2014 年下半年开始，我们组建研究团队，对武陵山片区传统村落生态智慧元素进行了调查，重点调查了湘黔桂三省区交界区域的坪坦河流域侗族村寨。在这里，传统的地方管理体制（款约制）、当地居民的生态直觉和审美偏好等都是地方性生态智慧的集中体现。这里的侗族先民通过千百年的生产生活实践，摸索出不同的在地性景观营造、人居环境整治、自然资源利用和生产生活习俗，在书中我们将其划分为水生态智慧、营建智慧、生计智慧和社区治理智慧四个类别，其中蕴含的智慧是对生态问题的整体把握，类似于"黑箱模型"，当地居民不一定明白其中的科学原理，但可以说出现实道理。在调查的过程中，我们深刻地感受到各民族的传统文化中蕴藏着大量防范生态危机的睿智做法。传统村落被动式一体化生态智慧,是中华民族生存能力、工程技术、审美理念等文明成果的集中载体,其聚落整体和建筑单体的空间形态设计和地理位置选址都显示出既满足人居舒适要求又充分尊重自然的理念,这种生态智慧在新时代背景下理应被重新审视和挖掘。在环境日益严峻的背景下,生态智慧概念得到了人居环境研究者的关注。但生态智慧研究仍处于起步阶段,对传统村落生态智慧的认知、研究还存在碎片化现象,其科学支撑、研究范畴和发展方向仍不清晰,传统村落生态智慧还没有形成一门系统科学。

严峻的现实让人类已经意识到了人与自然关系的重要性。在探索人与自然关系过程中经历了地理环境决定论的悲观与无奈、或然论的彷徨无定、人定胜天论的浮躁之后,我们看到曾经被称为落后典型的"自给自足"乡村经济与民族文化的勃发生机。以传统村落生态智慧为代表的人与自然和谐共生的生存方式给了我们无限启示,其理论意义和当代价值有理由成为支撑人类持续、健康、和谐发展不可缺少的智慧。因此,积极探索、不断解读和寻求那些在现代文明社会中仍然可以被运用、借鉴、转化的传统生态智慧具有重大意义。

本书在编写过程中参考和引用了国内外相关文献资料和一些成熟的观点,谨向这些文献资料和所引观点的作者致以诚挚谢意。由于编者水平有限,书中难免存在疏漏、谬误之处,恳请各位同仁、读者指正。

方 磊

2019 年 5 月

目 录

绪　论

◆ - - - - - - - - - - - - - -

一、研究背景

"文明若是自发地发展，而不是在自觉地发展，则留给自己的是荒漠。"这是马克思在100多年前对人类突飞猛进的工业文明发出的忠告。自工业革命以来，尤其是 20 世纪的后 50 年全球环境遭到空前破坏和污染后，越来越多的人开始了对生态文明的关注与反思。

1. 人类对自然环境影响的关注

人类通过生产劳动对自然环境产生影响，从早期的被动适应到后来的主动抗争，人类与自然环境的冲突日益尖锐。尽管一些思想先驱者很早就提出了人类不合理利用自然条件和自然资源必将招致大自然报复的警告。但直到 20 世纪后期，人与自然的协调发展才成为大多数人的共识。从总体上看，人类对自然环境的影响是积极的，如通过垦殖和养殖活动把大量天然生态系统改变为农业生态系统，把可食用野生植物培育成农作物，把可役使、食用和观赏的野生动物驯化为饲养动物，满足了迅速增加的人口日益增长的需要，而天然生态系统绝无此种可能；在长期的耕作中培育了性状和肥力都优于天然土壤的各种农业土壤，在这些土壤上生长的粮食、蔬菜、瓜果、花卉等保证了对人类需求的供给；人类对地表和近地表物质的机械搬运使地貌发生了变化，但这种改变为农业生产、采矿、水利和交通建设所必需；水利建设改变了地表水的时空分布，保证了航运和灌溉。遍布世界各国的水利工程则多有灌溉与防洪之利，中国京杭大运河、巴拿马运河和苏伊士运河是便利航运的典范。

但是，不可否认的是上述每一项成就几乎都同时带来了负面影响。例如农业开发必然破坏森林和草原；猎捕、毒杀、采集动物与人为改变其生活环境加速了物种灭绝；破坏原有地貌通常将导致地表稳定性减弱和侵蚀强度增加；不合理灌溉与耕作造成土壤次生盐渍化、改变土壤孔隙度和渗透能力、加剧土壤侵蚀和土地荒漠化；破坏水源涵养林引起突发性洪流、盲目抽取地下水导致区域性地下水位下降，河流上游超量用水导致下游断流；等等。而特别值得关注的是人类对大气圈与气候的影响，如化石燃料的燃烧使大气中二氧化碳的浓度急剧增加，造成氧平衡失调并可能波及地理环境中的生命过程；人为增加大气固体微粒含量改变了到达地表的太阳辐射量，导致气温变化；氟利昂物质的排放严重破坏了臭氧层。

2. 自然环境对人类不合理行为的反馈

不合理的人类活动往往不是抑制，而是促进不利于人类本身的过程加速发展，反过来损害甚至毁灭人类文明。例如，20 世纪物种的加速灭绝已使生物多样性的丧失达到空前的程度，灭绝物种竟在 100 万种以上。据估计，21 世纪现有物种的 1/3 也将灭绝，几乎相当于过去数百万年正常灭绝物种的总和[①]。而大多数物种的灭绝将对人类本身造成严重危害。驯养动物和栽培植物种数有限，没有也不可能改变物种灭绝的总趋势。又如近 200 年来，全球森林面积至少减少了 40%，寒、温带针叶林，热带、亚热带森林被大面积砍伐，开辟为永久性农田。草原也未能幸免，20 世纪全球草原面积已减少近半。绿色植物的急剧减少破坏了大气氧平衡，已经和必将继续造成全球性生态灾难[②]。滥垦、滥牧、过度樵采等掠夺性土地利用方式同样导致了水土流失加剧和部分地区的荒漠化。工业革命以来，全球环境遭到空前破坏和污染，相继出现"温室效应"、臭氧层破坏、酸雨污染、有毒化学物质扩散、人口爆炸、土壤侵蚀、森林锐减、陆地沙漠化扩大、水资源污染和短缺、生物多样性锐减等十大全球性环境问题。生态学家指出，全球环境问题已直接威胁全人类的生存和文明的持续发展，正残酷地撕毁人类关于未来的每一个美好愿望和梦想。

① 伍光和，等. 自然地理学 [M]. 北京：高等教育出版社，2005：380.
② 伍光和，等. 自然地理学 [M]. 北京：高等教育出版社，2005：383.

3. 人与自然协调发展的反思

据世界银行统计，19 世纪初全世界人口总数不过 10 亿，20 世纪初为 16 亿，20 世纪末已增到 60 亿，2017 年已经达到了 75.3 亿[①]。人口的爆炸性增长已经成为人地关系中首要的和最严峻的问题。与此相反，由于全球土地面积的有限性，各类农业用地的人均占有量已大幅下降，耕地绝对量的增加也是以林地和草地的减少为代价的。尽管耕地扩大的可能性依然存在，粮食生产仍有巨大潜力，但全球人口与耕地的矛盾无疑会加剧。20 世纪 50 年代初，全世界人均占有耕地 8.55 亩[②]，70 年代中期降为 5.85 亩，90 年代初进一步减至 4.2 亩，2000 年以来更是降至 3.75 亩，耕地缺乏必然导致粮食不足[③]。而我国以占全球 9.4% 的耕地养活着全球 22.2% 的人口，人口与耕地的矛盾较世界大多数国家更为尖锐。人口迅速增长还导致人均占有淡水量逐渐减少。地球虽然拥有 13.7×10^8 千米^3 水量，但淡水资源仅占其中的 3%。淡水的可利用性是与全球水循环紧密联系在一起的，20 世纪全球淡水消耗量增长了数十倍。过量用水已导致河流水量减少、断流，湖泊缩小，海水入侵河口段等一系列恶果。

能源与矿产趋于枯竭是又一全球性问题。1998 年 6 月 7 日，美国《洛杉矶时报》发表的题为《即将来临的石油危机——真正的危机》的文章认为，今后 10 年左右，世界石油供应似乎是充足的。在今后 20 年左右的时间里，全球石油产量可能开始持续下降。虽然市场力量和石油生产技术的改进可能使石油供应继续保持到 21 世纪，但是石油危机的到来可能比一般人预想的早得多。地球上的石油到底还能供人类用多久？这是一个有争议的问题。有专家认为地球上的石油仅够三四十年，有专家则认为可使用一两百年。以目前的生产水平衡量，石油和天然气预计将在 21 世纪中期被开采殆尽。除铁和铝外，其余所有主要金属矿产的保有储量都将下降到微不足道的地步。化石燃料的开采

----

① 封志明. 全球耕地资源变化态势及我国应采取的对策[J]. 国土与自然资源研究，1994（2）：69-73.
② 1 亩 ≈ 666.66 米^2。
③ 封志明. 全球耕地资源变化态势及我国应采取的对策[J]. 国土与自然资源研究，1994（2）：69-73.

和使用，使得环境污染空前严重，新污染源和污染物不断增加，污染范围日益扩大。面对"比非典还可怕的雾霾"，我们再也不能束手无策地等待北风了，环境污染造成的后果已明显威胁到人类自身的生存与发展。

严峻的现实让人类已经意识到了人与自然关系的重要性，在探索人与自然关系过程中经历了地理环境决定论的悲观与无奈、或然论的彷徨无定、人定胜天论的浮躁之后，我们看到曾经被称为落后典型的"自给自足"乡村经济与民族文化的勃发生机。以传统聚落生态智慧为代表的人与自然和谐共生的生存方式给了我们无限启示，其理论意义和当代价值有理由成为支撑人类持续、健康、和谐发展不可缺少的智慧。

二、研究意义

（一）理论意义：地方性知识的重构

人如何栖居于大地上？我找不到自己在哪里？我是谁？这依然是未解决的问题。笛卡尔（Descartes）提出了"我思故我在"，确立了"我在"的依据是"我思"，却没有言说"我在"的存在方式。自 20 世纪 70 年代以来，经济与文化的全球化成为空间与地方再组织与再生产的重要背景，大众传播、增强的移动力（如高速公路）以及消费社会成为加速世界同质化的三大力量[①]。在全球化语境下，地方（Place）固有的社会与文化边界不断受到全球化力量的威胁，地方的意义被全球性要素所消解。哈维（Harvey）指出，全球化时代处在一个史无前例的"时空压缩 （Time-space Compression）"之中，经济与文化力量超越了传统的空间限制，在一个更大尺度下对空间和地方的建构方式与组织形式进行着重构[②]。地方侵蚀的议题也是拉尔夫（Relph）对"地方"持续思考的根源[③]。随着对全球化过程理性认识的不断深入，越来越多

---

① CRESSWELL T. Place: A short introduction [M]. Oxford: Blackwell, 2004: 73.
② HARVEY D. The Condition of Postmodernity [M]. Oxford: Brasil Blackwell, 1989. 260-283. 转引自朱竑，钱俊希，陈晓亮.地方与认同：欧美人文地理学对地方的再认识[J]. 人文地理，2010，25（6）：1-6.
③ RELPH E. Place and Placelessness [M]. London: Pion, 1976: 2-46.

的学者开始注意到，全球化过程远非一个去地方化的过程，而是地方性在一个全新的关系体系中得到重新定义，并产生新的地方意义的新过程。一方面，全球化的过程在全球的分布是不均匀的，对于世界上的大部分区域，尤其是不发达区域来说，地方性的意义依然是建构社会关系更为重要的基础[①]；另一方面，全球性力量对于地方性的影响并不是简单地导致地方性消亡，而是在于对地方意义的重构。全球性力量的作用是深深扎根在地方化的形式中的。从本质上来说，全球化过程是全球性力量与地方性力量相互融合、共同作用的产物，而不是前者消灭后者的过程。在这一过程中，地方差异的内容得到重构，而基于地方的文化特质与社会关系也在全球化的背景下呈现出新的特征[②]。因此，"地方"是一种观看、认识和理解世界的方式[③]。

　　P. Kotler、D. H. Haider & I. Rein 在"地方再造"中指出我们生活在一个"地方战（Place War）"的时代，一个地方同别的地方为经济生存而竞争。在地方理论的发展过程中，Heidegger 推崇"地方精神"（Genius Loci），Harvey 倡导"场所感（Sense of Place）"，段义孚主张"地方（Place）"与"地方情结（Topophilia）"，MacCannell 指出现代化最后的胜利并不是一个非现代世界的现实，而在于它的人工保存与重建[④]。因此，给我们的启示就是要时刻牢记地方精神原则：每一个地方都有其自然和文化的历史过程，两者相适应而形成了地方特色及地方含义，目的地要体现地方个性与差异，邹统钎称之为"地格"。一个地方如果没有地格就无法确认身份，地格的丧失就是地方文化主权的丧失，如果黄果树瀑布像尼亚加拉大瀑布，长江三峡像科罗拉多大峡谷，拉萨像上海，旅游业也就寿终正寝了。北京的四合院、永定的土楼、川西的碉楼、珠三角的蚝壳屋、湘西的吊脚楼，因为有差异才有美。Relph

---

① MASSEY D. Power Geometry and a Progressive Sense of Place [A]. BIRD J, CURTIS B, PUTMAN T, et al. Mapping the Futures: Local Cultures, Global Change. London: Routledge, 1993: 60-70.
② WATTS M J. Mapping Meaning, Denoting difference, Imagining Identity: Dialectical Images and Postmodern Geographies[J]. Geografiska Annaler, series B, 1991, 73 (1): 7-16.
③ Cresswell T. Place: A short introduction [M]. Oxford: Blackwell, 2004: 21.
④ 邹统钎，等. 旅游学术思想流派[M]. 天津：南开大学出版社，2013: 2.

警告说：地方正在被摧毁，组织的力量与市场的渗透导致了非真实（Inauthentic）甚至是无地方（Placeless）。地方是斗争的目标，也是斗争的场所，只有有抵抗的斗争，才可以制造空间的独特性与差异性[①]。

因此，从学术理论的角度来看，本研究的主要学术贡献在于地方性知识的重构，各个地方的生态智慧即为地方性知识的重要内容，生态学与深层生态学包含的生态智慧，强调了地方生物与文化的多样性、整体性与和谐性，隐含着对生物多样性的欣赏和尊重，为说明地方性知识的产生根源及其合法性提供了坚实的理论基础。

（二）实践意义：鉴往知来，启迪当下

本课题研究的传统聚落是指在历史时期形成、保留有明显的历史文化特征且历史风貌相对完整的村落，是人类活动和自然环境长期相互作用的结果。生态智慧指的是人与大自然和谐相融的智慧。研究的应用价值主要体现在：一是有助于丰富和扩展聚落地理学的研究内容。通过对传统聚落规划选址、民居建造、内部设计、社区营建、乡土材料运用等生态智慧的辨识和比较研究，丰富和扩展聚落形态和聚落类型研究的内容，为城乡规划建设提供新的思路，对乡村振兴战略的实施具有借鉴意义。二是有助于传统聚落文化挖掘和遗产保护。长期以来对传统聚落遗产价值和地方感的辨别，都因只能获取点滴知识未能成体系而变得模棱两可、含混不清，根本原因就是缺少对传统聚落"生态智慧元"的挖掘和整理。本项研究着重于传统聚落"生态智慧元"的挖掘和整理，并形成体系，开展理论与实践的研究。三是有助于美丽乡村建设。通过对传统聚落生态智慧的挖掘和整理，可以探寻传统乡土文化建筑的内在基因，能为美丽乡村建设提供新的思路，可以创造出体现地域文化基因和传统文化特点又不失现代气息的城镇和村落。

三、研究综述

为了对"生态智慧"研究领域有较为全面、系统的了解，本研究

---

① 邹统钎，等. 旅游学术思想流派[M]. 天津：南开大学出版社，2013，3-4.

以中国学术期刊网络出版总库（CNKI）为文献来源，以"生态智慧"为主题关键词进行多库全文检索，时间设定为 2018 年 12 月 31 日前，初步得到文献 1286 篇，去除一稿多发、通知、简介等无效文献，最终得到相关论文 1220 篇。结合 SPSS、EXCEL 软件对检索到的目标文献进行统计分析，从而对"生态智慧"研究方向的论文研究进程、著者及机构、文献来源和研究内容等主体方面进行统计分析，并且依据关键词统计方法分析当前我国"生态智慧"研究现状。

（一）研究历程分析

通过文献检索，可以查到最早的一篇文献发表于 1992 年。进入 21 世纪以来，文献数量呈现指数增长趋势。基于文献量增长规律，拟合出年文献累积量指数增长模型：$y=4.956e^{0.183x}$，拟合系数 $R^2=0.8898$，基于目前数据建构的时间序列模型推断，未来关于生态智慧研究的增长趋势仍然会持续一段时间。指数型曲线一般是学科知识发展初期的特征，说明现在学术界对此的研究还处于起步发展阶段。依据"生态智慧"年度文献数量指标，可以将我国生态智慧的研究现状大致划分为三个阶段：第一阶段为萌芽阶段（1992 年以前），该时期的特点是文献数量较少，可以查找到的最早的文献是佘正荣等发表在《宁夏社会科学》上的一篇文章:《略论马克思和恩格斯的生态智慧》，时间为 1992 年 6 月。但是需要注意的是，限于当时学术交流条件的限制，虽然 CNKI 中没有文献记录，但实际上有一些学者已开始了对这方面的关注。如笔者的大学老师在课堂上曾给我们介绍过湘西侗族"林粮间作"和"稻鱼鸭共生"的生态做法。第二阶段为缓慢发展阶段（1992—1998 年），该阶段的主要工作是传统生态智慧哲学思想的解读、传统生态智慧实践做法分析、现代生态智慧哲学理论的引入和探讨，其主要特点是文献量增长缓慢。第三阶段为快速发展阶段（1998 年以来），随着传统生态智慧哲学思想、现代生态理念与研究框架等的相对成熟，生态智慧研究受到众多研究者的青睐。因此，该阶段的主要特征是文献量迅速增长，生态智慧研究更为深入广泛（图 0-1）。

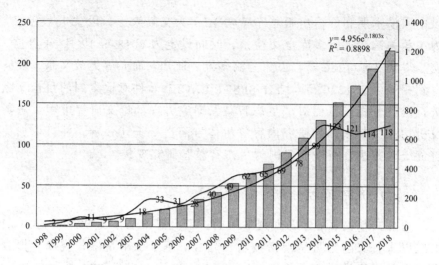

图 0-1　生态智慧研究文献年度数量增长情况

数据来源：CNKI

上述文献年度数量增长趋势与我国政府对生态环境的关注和行动有着较为密切的联系。1992 年中央 9 号文发布《环境与发展十大对策》，将环境保护纳入经济发展中加以统筹考虑。1998 年实施的"一退三还"是环境政策的转折点。"十五"期间（2000—2005 年），党中央、国务院提出树立科学发展观、构建和谐社会的思想。《21 世纪议程——中国 21 世纪人口、环境与发展白皮书》从人口、环境与发展的国情出发，提出可持续发展的总体战略、对策以及行动方案。"十二五"期间，党中央、国务院将改善环境质量作为落实科学发展观、构建社会主义和谐社会的重要内容。党的十八大以来，以习近平同志为核心的党中央把生态文明建设作为统筹推进"五位一体"总体布局和协调推进"四个全面"战略布局的重要内容，提出创新、协调、绿色、开放、共享的新发展理念。《中国共产党章程（修正案）》中增加了"增强绿水青山就是金山银山的意识"。

（二）著者及研究机构分析

在文献计量学方法中，通常要通过寻找该研究领域的核心作者群来发现此领域的主要研究现状。根据美国著名科学史学家普赖斯的理论，科学技术工作者的生产力及其对科学技术进步和社会发展的贡献可以通过出版作品的统计来探讨。普赖斯定律表示为：

$$M = 0.749(N_{\max})^{\frac{1}{2}}$$

其中，M 为核心作者至少应发文数，N 为统计年份内该领域发文数最多的作者所发篇数。因此，发文数不少于 M 的作者才能被称为核心作者。在以生态智慧为主题的 1220 篇文献中，作者包庆德发文量最多，为 11 篇，即 $N=11$。计算得到 M 取整为 3，满足第一作者发文量超过 3 篇的有 37 人，总共发文 161 篇，约占总篇数的 13.2%。普赖斯在其代表名著《小科学，大科学》一书中曾有如下论述："在同一主题中，半数的论文为一群高生产能力作者所撰，这一作者集合的数量上约等于全部作者总数的平方根。"如果从这个指标来看，我国生态智慧研究领域的核心作者群尚未形成，需要挖掘和培养更多的学术带头人（图 0-2）。

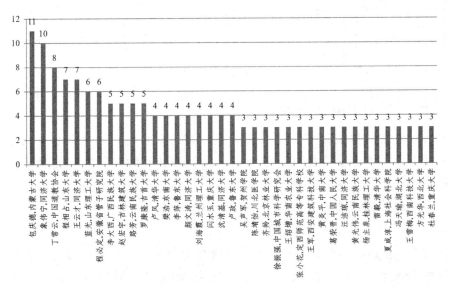

图 0-2　发文数量大于 3 篇（含）以上的作者群

数据来源：CNKI

通过对著者机构进一步分析发现，在统计年度间，发文数量超过 8 篇的研究机构共有 28 个，这些研究机构均为高等院校，其中山东大学发文数量达到 34 篇，位列首位（表 0-1）。

表 0-1　生态智慧研究发文数量排在前 10 位的研究机构

序号	研究机构	文献量
1	山东大学	34
2	同济大学	27
3	西安建筑科技大学	19
4	重庆大学	15
5	武汉大学/苏州大学	14
6	吉首大学/清华大学/内蒙古大学	13
7	广西民族大学/中央民族大学/山东理工大学	11
8	中国人民大学/北京林业大学/曲阜师范大学	10
9	南京林业大学/河南大学/山东师范大学/南京大学	9
10	山东建筑大学/云南民族大学/南开大学/陕西师范大学/湖南师范大学/合肥工业大学/东南大学/华南理工大学/华东师范大学	8

数据来源：CNKI

（三）文献来源分析

根据布拉德福定律所述，若将大量期刊根据刊载某学科专业论文数量的多少由多到少排列，就可以将这些期刊分为专门针对这个学科的核心区、相关区以及非相关区。采用比利时情报学家埃格黑的布拉福德核心区数量计算方法对该学科核心区进行计算，即：

$$R = 2In(e^E \cdot Y)$$

该式中，R 是核心数量，E 是欧拉系数且 $E=0.5772$，Y 为最多载文量期刊的载文量。根据此式，可计算生态智慧研究领域的核心区 $R=2In$（1.7810×13）≈5，根据这一指标可以得出结论：《风景园林》《中国园林》《生态学报》《中国宗教》《环境教育》这 5 种期刊处于生态智慧研究领域的核心区。除了以上 5 种核心区期刊外，还有很多在生态智慧研究领域载文量较小的期刊（图 0-3）。

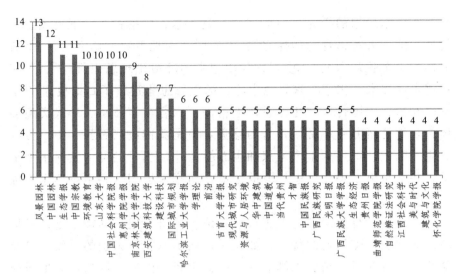

图 0-3　发文数量大于 4 篇（含）以上的文献来源群

数据来源：CNKI

对这些期刊进行统计分析发现：生态智慧所涉及的领域宽泛，已经受到经济、管理、文化、宗教、园林、建筑、地理、生态、哲学、教育、美学等多学科研究者的关注。但是，这些研究者主要从各自的学科背景对问题进行探究，缺乏对生态智慧的整体性梳理和系统性研究，对传统文化中生态智慧的当代价值关照不够，需要在学科融合的视角下与当下如火如荼开展的美丽乡村建设实践相结合。

（四）主要研究内容分析

对检索结果中的 1220 篇文献关键词进行聚类分析，可以发现大致形成了以下几方面主要的研究内容：

一是生态智慧的溯源研究。该领域主要探讨了中国传统文化中的生态思想，研究成果最为丰富。如孔子对"天命"充满敬畏、"仁"心泽于鸟兽以及"任民爱物"生态思想探究[1][2]。道教"天人合一""道法

① 高伟洁. 孔子生态智慧探微——以《论语》为核心的考察[J]. 河南社会科学，2017，25（12）：120-124.

② 余卫国. 儒家生态伦理思想的核心价值和出场路径[J]. 西南民族大学学报（人文社会科学版），2014（2）：45-47.

自然"生态思想的探究①②；墨家"上究天志，中稽古圣，下察民意"的天、地、人和谐理念的探究③；王阳明"天地万物一体之仁"生命关怀与生态智慧探究④；中国古代游记中的环境伦理思想研究⑤；张明对道家、儒家、佛家三家思想中蕴含的生态思想进行了归纳梳理⑥等。可以看出，中国传统文化体系博大精深、内容丰富厚重、形式类型多样，常常使研究者有常谈常新的感觉。但是我们应当看到，中国传统文化中阐述、迸发的生态思想和生态智慧，从当时的经济发展水平来看，并不是出于关注生态环境的考虑，而是为了用这些生态理念来佐证其社会人伦思想。

二是生态智慧识别与生态行动。该领域研究成果同样丰富，且呈现出地域性、碎片化的特点，如在对瑶族生态智慧识别的时候，以及徐益棠、费孝通、杨成志等老一辈人类学者在南岭走廊的瑶族聚居地调查时，他们关注的重点是瑶族的社会组织、历史文化，但他们的调查报告也涉及瑶族的生态知识和生态行动，譬如我们在调查报告中读到瑶族传统聚落的水车、利用水力舂米、利用水池沉淀饮用水中的泥沙、用整条竹子做成各式引水管道等。自古以来，瑶族及其先民在生产力低下的社会历史条件下，形成了"食过一山，又徙一山"的"游耕"生计方式，这种看似"落后"的生产方式，在某种程度上却正体现了瑶族人民朴素的生态智慧，也体现了瑶族及其先民在林木生产中形成的比较原始的生态伦理思想。安丰军⑦在分析瑶族林木生态伦理思想时指出，这种取之有度的林木资源保护思想对解决目前人类所面临

---

① 孙亦平. 论道教生态智慧的当代价值[J]. 江苏行政学院学报, 2018（1）: 21-26.
② 黄小珍. "尊道"在于"贵德": 老子的生态伦理意蕴[J]. 南京林业大学学报（人文社会科学版）, 2018（3）: 20-28.
③ 陈小刚. 墨家生态智慧及其当代价值[J]. 湖北职业技术学院学报, 2018, 21（1）: 87-91.
④ 郭齐勇. 王阳明的生命关怀与生态智慧[J]. 深圳大学学报（人文社会科学版）, 2018, 35（1）: 134-140.
⑤ 刘於清. 中国古代游记中的环境伦理思想研究[D]. 吉首: 吉首大学, 2016.
⑥ 张明. 中国传统文化中的生态智慧[J]. 环境教育, 2011（10）: 43-47.
⑦ 安丰军. 瑶族林木生态伦理思想探析[J]. 广西民族大学学报, 2011, 33（6）: 107-111.

的生态环境问题也具有重要的启迪作用。马军[①]意识到了瑶族生态智慧对对抗、减少自然灾害和生物灾害的价值，他认为瑶族传统文化中所蕴含的生态知识与减灾理念对今天的生态危机缓解具有较强的启示作用。刘卫平等[②]运用人类学的田野调查方法对瑶族生态智慧进行考察，发现瑶族生态智慧具有整体性、系统性，内容包涵人地之间的关系、生产实践及信仰空间。在新时代，开展美丽乡村建设，瑶族生态智慧仍具有历史价值。上述对瑶族生态思想的研究虽然涉及瑶族的生态智慧，但缺乏对瑶族生态智慧的整体性梳理和系统性研究。此外，在生态智慧利用与行动方面，刘华斌等[③]以对江西流坑传统村落的调查为例，系统分析了流坑在蓄水系统、排水设施、净水系统、调节气候、发展经济等方面的水生态智慧，为破解当下乡村水问题困境提供了若干启示。此外，以城市雨洪治理为突破口的实践问题导向型研究也逐渐增加[④]。从各地的研究来看，各民族的传统文化中蕴藏着大量防范生态危机的睿智做法，但是这些生态智慧研究碎片化明显，还没有形成一门系统科学。

三是国外生态思想的译介。该研究领域有两个关键词出现频率极高，分别是"深层生态学"和"人类中心主义"。纵观生态学的发展历史，我们可以粗略地将之划分为生态学、深层生态学与深层生态运动三个阶段。认真思考会发现，这三个阶段的思想观念都隐含着生态智慧，并且越来越明显。国内学者重点介绍了阿伦·奈斯深层生态学思想[⑤]、斯宾诺莎的非人类中心主义哲学思想[⑥]以及蕴含于西方文化中的

---

① 马军. 瑶族传统文化中的生态知识与减灾[J]. 云南民族大学学报（哲学社会科学版），2012，29（2）：32-35.
② 刘卫平，陈敬胜. 瑶族生态智慧对新时代美丽乡村建设的价值启示[J]. 民族论坛，2018（4）：86-90.
③ 刘华斌，古新仁. 传统村落水生态智慧与实践研究——乡村振兴背景下江西抚州流坑古村的启示[J]. 三峡生态环境监测，2018，3（4）：51-57.
④ 王绍增，象伟宁，刘之欣. 从生态智慧的视角探寻城市雨洪安全与利用的答案[J]. 生态学报 2016，36（16）：4921-4925；陈利顶. 城市雨洪管控需要生态智慧的引领[J]. 生态学报，2016，36（16）：4932-4934；颜文涛，王云才，象伟宁. 城市雨洪管理实践需要生态实践智慧的引导[J]. 生态学报，2016，36（16）：4926-4928.
⑤ 王秀红. 阿伦·奈斯深层生态学思想研究[D]. 武汉：湖北大学，2017.
⑥ 王英. 超越"人类中心主义"何以可能[D]. 贵阳：贵州师范大学，2009.

万物平等思想等。其中阿伦·奈斯（Arne Naess，1912—2009）被誉为"深层生态学之父"，他是世界著名的哲学家。阿伦·奈斯创立并发展了"深层生态学"这一具有革命性的生态哲学理论，提出了"生态智慧 T"，引领了深层生态运动，在学术界及西方环境运动中均具有重要的影响。可以说，如果不研究深层生态学，对西方环境哲学和环境伦理学的认识就会有一个断层。不弄清奈斯的深层生态思想，就无法全面、深刻地理解深层生态学①。阿伦·奈斯的深层生态思想是人们反思生态环境问题的重要工具，他的整体主义的环境保护理念以及实践主张为环境保护提供了重要的思路与借鉴。生态中心主义平等是指地球生态系统的所有存在物都有存在与繁殖后代的道德权利，力求在追求个体生存利益的过程中完成自我实现的转换②。一方面，生态中心主义在基于对生态系统的所有存在物认同的基础上，肯定所有存在物的生命价值以及内在价值，每一物种（包括所有个体）都有权利与潜力实现自我生命价值，在自我实现的过程中肯定生命的平等和对生命的尊重；另一方面，生态中心主义平等主张人类与非人类生命都具有获得道德关怀的资格，这是因为人类与非人类生命同属于生态系统的成员，都是大自然的一员。但是，由于西方深层生态学涵盖范围广阔，中国的译介研究还不能对其概貌有一个准确的把握，要么一味认同、要么全面质疑的争论表露了自身的文化焦虑。

四是"生态批评"研究。20 世纪 90 年代以来，伴随全球化生态危机的日益严重，作为"生态学人文转向"重要组成部分的生态批评在美英等西方国家和中国同时萌生并逐步向前推进。20 余年来，中国生态批评在译介与研究西方生态批评理论、挖掘和阐释中国古代生态资源、进行生态文学评论实践、构建中国本土生态批评理论形态等维度取得了较大进展，"边缘性的努力"已经显现出"思潮性的成果"③。该研究领域的研究者大多具有跨学科研究的能力和潜质，如文艺学方面的跨学科研究。中国生态批评不同维度上的理论演进又共同推动着

① 王秀红. 阿伦·奈斯深层生态学思想研究[D]. 武汉：湖北大学，2017.
② 雷毅. 深层生态学：阐释与整合[M]. 上海：上海交通大学出版社，2012：67.
③ 马治军. 道在途中——中国生态批评的理论生成[D]. 苏州大学，2012：4.

本土理论形态的逐步生成，不同维度上的话语建构也共同构成了中国生态批评的话语体系。马治军[①]对中国生态批评发展现状进行了回顾总结，检视本研究领域的成就与不足，分析了中国生态批评的发展逻辑，评析回应了理论生成过程中的困惑和争议，为建构更为完善的中国生态批评话语体系做出了理论努力。

五是生态智慧的德育研究。该领域主要探讨的话题是传统生态智慧融入高校生态道德教育和思想政治教育，主要属于教育学领域。阿伦·奈斯也非常重视培养深层生态意识。阿伦·奈斯所倡导的深生态意识培养路径主要有加强生态教育、个人亲近自然的直接行动、社会与政治领域的行动三个方面。国内学者也开始了这一领域的研究，如刘成波从生态价值观、生态道德理念和生态道德规范三方面构建高校生态道德教育内容体系[②]。孟露以马克思主义生态伦理、中国传统文化中的"天人合一"思想为理论依据，从生态文明观、价值观、伦理观等方面论述了大学生生态教育[③]。李晓蕾认为高校思想政治教育生态系统要从教育者、受教育者、教育内容等要素入手[④]等。该领域研究者几乎一致认为当代大学生的思想政治教育中要融入生态道德教育内容，并且从课堂教学、实践养成、环境熏陶、榜样示范、制度保障等教学环节方面探讨生态智慧德育方案的实施。

四、研究设计

（一）研究区选择

本研究主要以武陵山片区为重点考察对象。武陵山片区包括渝、鄂、湘、黔三省一市，地域范围覆盖了湖北省恩施土家族苗族自治州，湖南省怀化市、张家界市，湘西土家族苗族自治州，贵州省铜仁市和

① 马治军. 道在途中——中国生态批评的理论生成[D]. 苏州大学，2012：6.
② 刘成波. 论当代大学生思想政治教育中的生态道德教育[J]. 生态经济，2008（2）：78-81.
③ 孟露. 大学生思想政治教育中的生态观研究[J]. 四川师范大学学报，2012（8）：76-78.
④ 李晓蕾. 高校思想政治教育生态系统建设研究[J]. 教育评论，2012（4）：36-39.

重庆市渝东南地区 6 个地（州）市，51 个县级行政区[①]。武陵山经济协作区面积为 12.02 万千米², 2016 年人口 1982 万，人口密度为 165 人/千米²，其中少数民族人口 1085.23 万，占该区域总人口的 55%，少数民族主要有土家族、苗族、瑶族、侗族、白族和回族等，是全国 18 个重点扶持的集中连片贫困地区之一[②]。2004 年，全国政协在深入调研的基础上，提出了《关于加快武陵山民族地区经济发展的建议》。2009 年初国务院 3 号文件明确提出协调渝、鄂、湘、黔四省市毗邻地区成立"武陵山经济协作区"，加快老少边穷地区经济社会发展。武陵山地区地域相邻，山水相连，自然条件相近，人缘相亲，经济相融，文化相通，经济和市场的互补性很强。

（二）研究目标

通过研究，希望达到以下三个基本目标：一是系统搜集和整理传统聚落生态智慧元素。根据特定聚落生物资源、土地资源、水资源、矿产资源等自然资源和生产要素的利用状况和村落族群的资源观念、民间习惯法则、教育传习中的生态观念、生态伦理以及现实生产发展的价值取向等，分门别类搜集材料和数据，系统挖掘其生态智慧的丰富内涵。总结这些元素对村落族群生产生活的深刻影响，探索生态智慧和新型城镇化的互动关系。二是充分展示传统聚落生态智慧的现代价值。用人与自然和谐相处、友好发展的民间经验和智慧，丰富"生态文明"的科学内涵，拓展人类学、社会学和民族学的传统界限，既厘清其同传统文化密切联系的精神脉络，又彰显其胸怀未来、包容天下的现代价值取向。突出本研究成果的社会推广价值，针对我国幅员辽阔、民族众多、区域差异较大、环境类型复杂的特殊国情，提供丰富多样的乡村治理经验和应用模式。三是探寻移植传统聚落生态智慧的当代发展。随着科学技术的发展，虽然有些历史的智慧早已失去了时代的意义，但仍有许多值得我们继承和发展。如何巧妙结合自然环

---

① 国务院. 关于推进重庆市统筹城乡改革和发展的若干意见[OL/J]. http://www.gov.cn.

② 国家统计局国民经济综合统计司. 中国区域经济统计年鉴（2016）[M]. 北京：中国统计出版社，2017.

境进行人居环境空间规划和设计，创造特色鲜明的地域人居环境是当代人居环境建设中亟须用心解决的问题。对历史人居环境营造智慧的研究启迪我们以智慧、科学、艺术和文化的观念与方法处理人居环境中的自然问题，让我们去追求更为和谐、本土、幸福与诗意的人居环境。

（三）研究思路

本课题研究可以按照"三阶段，六步骤"的思路层递推进：第一阶段为"理论梳理"和"历史回溯"阶段。具体方法和步骤是：（1）运用文献法对国内外社会学、人类学、建筑学及其交叉学科中关于"生态智慧"的基本理论进行系统梳理，在为研究工作寻求理论支撑的同时，积极探索理论创新的切入点；（2）通过对相关资料的整理，集中展示华夏文明体系中的环境意识和生态智慧，为个案采集和深入研究准备富有历史生命力的"参照母本"，为研究成果寻找历史和民族的文化根源。第二阶段为"调查筛选"和"个案分析"阶段，具体方法和步骤是：（1）在前期积累基础上进行系统的研究区认知和深入的田野调查，严格筛选最具代表性的个案研究对象；（2）根据人与自然和谐关系的主客观要素分析，把调研对象分为"原生态""半原生态"和"非原生态"三个基本类型，根据研究需要，每一类型选择 1~2 个聚落进行详细考察和典型分析。第三阶段为"成果集成"和"理论提升"阶段。具体方法和步骤是：（1）将每一个案的典型分析成果进行定性归纳，分析特定聚落人与自然和谐共荣的演化规律，探索其独特的社会学价值；（2）通过对"原生""半原生""非原生"三种形态研究成果的严格比较，提取传统聚落中生态智慧的组成要素，建立传统聚落"生态智慧树"概念模型，利用主成分分析法对组成要素进行层次划分并应用于当代发展中，使我们的研究成果能够在现实社会的技术层面具有合理的操作性。

（四）拟突破的重点和难点

本课题研究的重点在于传统聚落生态智慧的当代发展，既要看到环境学、社会学的生态关注进程与研究细节的缺陷，也要清楚认识到聚落生态智慧的发掘应符合生态发展演进的自身规律。要凸显研究的创新，在研究过程中必须实现对两个研究难点的有效突破：一是必须确保传统聚落生态智慧的挖掘同现代生态关注进程的相关性分析符合历史与文化演进的必然规律；二是建立具有系统性的传统聚落"生态智慧树"概念模型。能否突破两大难点决定着研究成果在理论探索和实践应用两方面的科学价值。

第一章 传统聚落生态智慧的理论生成

翻阅古代典籍就会发现，生态思想并非是在"生态危机"出现之后才出现的，而是古已有之。古代先贤圣哲以高瞻远瞩的聪明智慧为我们开启了追寻人与自然和谐相处的大道正途，常常使研究者有常谈常新的感觉。在这一领域，"边缘性的努力"已经显现出"思潮性的成果"。中国传统思想中蕴含丰富的生态思想资源，国外生态文化思潮在其形成发展过程中也很注重中国传统生态思想的研究。传统生态思想对于中华民族形成尊重自然、爱护生命的生态观念及生活生活方式产生了深远的影响。因此，传统生态思想研究对于我们今天生态文明建设具有重要现实意义，同样环境哲学的本土化也需要建立在对传统生态思想充分研究的基础上。遵循这一脉络，我们分析生态智慧的理论生成。检视过去的路途，是为了修正将要迈出的脚步。

一、溯源：传统文化中的生态思想

在中国古代文化中，儒、道、佛、墨是比较有影响力的四个文化流派，无论是孔孟之道，还是逍遥老庄，还是倡导慈悲为怀的佛教，都不约而同地提倡人与自然和谐发展，其论述中蕴含着丰富的生态思想。所谓"生态思想"，是人们对"人与自然之间的关系"这一问题进行系统反思的相关思想。中国古代没有"生态"二字，但人与自然的关系却一直是人们关注的一个重大问题。

（一）儒家生态思想要义

儒家的思想又称儒学，以孔子、孟子为代表人物，由孔子创立。主要人物有孔子、孟子、荀卿、董仲舒、朱熹、王阳明等。儒家代表作有《论语》《孟子》《荀子》《周易》等，儒家从创立到现在大约有2500多年历史。儒家生态思想资源广泛分布于各时代学者的学说当中。就目前来看，学者们的梳理和分析主要集中于先秦的孔孟荀，汉代的董仲舒，宋明张载、二程、朱熹、王夫之、王阳明等[1]。这些人物往往或具有划时代的思想史意义，或对儒家生态思想观念的形成、体系的建构等具有特殊贡献。总体来看，儒家生态思想与儒学不可分割，其理论展开的逻辑构架与儒学保持一致，也是以"人"的存在价值的实现为轴心的。

孔子无疑是中国古代思想史上最为重要的人物之一。孔子生活在古代农业社会，人类改造自然、征服自然的能力还十分有限，人类行为对自然生态的巨大影响尚未完全显现出来，环境问题、生态危机也不是那个时代的焦点。但不能否认，人类从古到今一直面临着人与自然的关系问题，人类一直也在苦苦思考着人与生态环境如何相处的问题。孔子的生态思想要义主要有以下体现：

一是尊重自然规律。《论语·阳货》："天何言哉？四时行焉，百物生焉，天何言哉？。"其意思是说：天何曾说什么了？但四季能循序运行，万物能生长不息，天又何曾说了什么？蒙培元先生认为，将"天"解释为自然界，是孔子的最大贡献[2]。孔子并没有明确给"天"下一个定义，但他将"四时行焉，百物生焉"作为"天"的功能，这就在理论上否定了西周以来作为超自然的"上帝之天"，而明确指出"天"是包容四时运行、创造万物生长的"自然之天"。当代环境伦理学认为，创生性是大自然的根本特点。孔子为"天"所做的功能界定与当代环境伦理学的观点不谋而合，体现了不凡的生态思想[3]。"百物生焉"里的"生"就是儒家认为的自然的本质，孟子从人性的角度出发，来论证人与自然的相通性。"诚身有道，不明乎善，不称其身矣，是故诚者，天之道也；思诚者，人之道也。"（《孟子·离娄上》）从这里可看出，

---

① 胡静. 中国传统生态思想资源综论之儒家篇[J]. 社会科学动态，2018（12）：53-62.

② 蒙培元. 孔子天人之学的生态意义[J]. 中国哲学史，2002（2）：21-28.

③ 高伟洁. 孔子生态智慧探微——以《论语》为核心的考察[J]. 河南社会科学，2017，25（12）：120-124.

伦理不仅存在于社会规范中，更是自然界本身所固有的性质。荀子提出的"明于天人之分"否定了天的神性，认为天是自然的，有其发展的规律，"天行有常，不为尧存，不为桀亡"（《荀子·天论》）表达了人与自然同根、"生"为自然之本的观点①。荀子认为人在自然界中是独立存在的，人既要适应自然，又要合理利用自然。如果人遭受了饥荒疾病等一系列苦难，不要埋怨天，这是没有正确处理人和自然的关系而造成的。

二是畅享自然之乐。亲近大自然，与自然融合，体味自然之乐，是孔子的人生最高志趣。《论语·先进》中提到，一次，孔子的弟子子路、曾皙、冉有和公西华陪孔子闲谈。孔子请每个弟子"各言其志"。子路对曰："千乘之国，摄乎大国之间，加之以师旅，因之以饥馑；由也为之，比及三年，可使有勇，且知方也。"大概意思是说自己可以治理"千乘之国"，不出三年，可以使百姓"有勇"，而且"知方"，懂得道理。孔子微微一笑。冉有说自己可以治理一个小国家，"比及三年，可使足民"。即三年光景，可使百姓富足。公西华说自己愿意穿着礼服，戴着礼帽，在国家祭祀或同外国盟会时做个司仪。最后，轮到曾皙了。曾皙正在抚琴，听到老师的"提问"，忙放下琴起身答道："异乎三子者之撰。"意思是我的志向和其他三位的不一样啊。曾皙说道："莫春者，春服即成，冠者五六人，童子六七人，浴乎沂，风乎舞雩，咏而归。"意思是说，暮春时节，穿上春天的衣服，和五六位成年人、六七个青少年，到沂河里洗洗澡，在舞雩台上吹吹风，一路唱着歌儿回来。孔子长叹一声说："我赞成曾点的想法呀！"在这里，孔子鲜明地表达了他愿意亲近大自然，与大自然融合，体味自然之乐的人生情怀。孔子还有一句名言："智者乐水，仁者乐山"。山水所代表的大自然是一切生命的源泉，是承载"四时行焉，百物生焉"的"天"，对山水的热爱应该成为一个仁者不可或缺的审美情怀。

三是合理利用自然资源。儒家提倡人要顺应自然，保护自然，维

---

① 郭倩一. 我国传统文化中生态文明思想及其当代价值研究[D]. 锦州：渤海大学，2015：8.

持生态平衡。《论语·述而》记载:"钓而不纲,弋不射宿。"①孔子为了日常生活去钓鱼,但他不会用渔网,因为用渔网会把鱼一网打尽;孔子不会去打在巢的鸟,因为它有可能有孕或是要养育幼鸟。之所以这样做,是为了鱼、鸟的繁衍生息,为了保存自然延续的生命力。这是一种仁心的自然流露。对比今日人们为满足物质欲望的疯狂追求,"竭泽而渔"式的对自然资源的疯狂掠夺,孔子对朴素简约生活的肯定,对自然资源的珍视与保护,是值得充分肯定的。孟子继承了孔子的思想,提倡对自然的利用要有所节制。《孟子·梁惠王》中说"数罟不入洿池,鱼鳖不可胜食也;斧斤以时入山林,材木不可胜用也。"这段话意思是,在同一个池塘里不能用细密的渔网捕鱼,这样鱼类才能继续生殖繁衍;不要在春季砍树,因为春天是万物生长的时候,这样才能保证林木资源用之不竭。荀子认为政治稳定、和平与繁荣是维持生态平衡的基础,"上不失天时,下不失地利,中得人和","则万物皆得其宜,六畜皆得其长,群生皆得其命"。这两句所表达的意思是,让农民辛勤地劳作,却不疲于奔命;不误农时,不会失去肥沃的土壤。所有做事的人都这样专心,尽职尽责,万物都能得到应有的合宜安排。家畜都能得到应有的生长,一切生物都能得到应有的寿命。

四是万物平等的生态伦理。儒家生态思想认为人和自然是一个整体,人是自然界长期发展的产物,人是自然的一部分,人与自然息息相关,相互交融,共同发展。大自然中的动物、植物等自然资源除了供我所用外,对于人类是否还有其他价值?古往今来,在许多人眼中,大自然仅仅具有被人类作为资源利用的工具价值,这无疑是造成今日日益严峻的生态危机的重要根源之一。一些西方哲学家着重突出人的主体性,认为人是宇宙的中心,人是自然世界的主宰,人是万物的尺度。进入工业文明以来,人类中心主义日渐兴起,人类向自然宣战,仿佛自然世界和人类世界是两个不同的世界,不计后果地开发和利用自然资源。著名环境伦理学家霍尔姆斯·罗尔斯顿认为,除了工具价值,大自然还具有内在价值。这种内在价值是不以人类的评价为前提的,它是一种客观存在的价值,是一种自然的"善"。"某些价值是已

---

① 王国轩. 论语大学中庸[M]. 北京:中华书局,2010:83.

然存在于大自然中的，评价者只是发现它们，而不是创造它们"①。排除"人类中心主义"来讨论大自然的价值，是罗尔斯顿在理论上最大的贡献②。孔子曰"骥不称其力，称其德也"。称千里马为骥，不是赞美它的力量，而是赞美它的品德。马也有德吗？按照人类中心主义者的观点，再好的马也仅仅是马，仅仅是人类利用的工具而已，和德没有任何关系。相对于一般的马，人们也许会比较爱惜好马，但这往往也是由于好马会给人类带来更大工具价值。孔子当然深知好马的工具价值，但他偏偏"不称其力"，而"称其德"，认为好马自有其德。马对主人的忠诚，马与主人之间情感的交流，这难道不是一种德吗？人与马之间难道只是一种利用和被利用的关系吗？孔子的"骥称其德"思想，将"道德"加于动物身上，仍可被视为一种朴素但可贵的生态伦理思想。但是也有部分学者认为儒家从现实主义的人生态度出发，强调万物莫贵于人，突出人在天地间的主体地位，在人与万物的关系上所持的态度显然是人类中心主义的，但和西方以"功利"为基本立场的西方人类中心主义不一样，有学者称之为仁爱型人类中心主义③。

（二）道家生态思想要义

　　道家也称德家，道家是古代最有影响的哲学学派之一。道家与道教不同的是，道教是一种宗教信仰，而道家是一种哲学思想。"道"是指天地万物的本质及自然循环的规律。道家的创始人为老子，代表人物主要有老子、庄子等。比较有影响的代表作有《道德经》《太上感应篇》《庄子》等。道家创立到现在大约有 2600 年历史。道家主张"自然无为，热爱生命"，强调人与自然不可分离的同一性。这种尊重自然、保护自然的意识将成为生态文明研究的重要资源，形成新的、有价值的当代新文明。道家生态思想要义主要体现在"道生万物"的生态认知观、"道法自然"的生态发展观、"知足知止"的生态消费观等三个方面。

---

① 霍尔姆斯·罗尔斯顿. 环境伦理学：大自然的价值以及人对大自然的义务 [M]. 杨通进，译. 北京：中国社会科学出版社，2000.

② 高伟洁. 孔子生态智慧探微——以《论语》为核心的考察[J]. 河南社会科学，2017，25（12）：120-124.

③ 任俊华. 论儒道佛生态伦理思想[J]. 湖南社会科学，2008（6）：27-31.

一是道生万物的生态认知观。道家哲学思想的核心就是"道"。老子认为，道是万物之源，道产生了万物，即"道生一，一生二，二生三，三生万物[①]"。在老子看来，"天"和"地"不是宇宙的根本，唯有"道"才是一切存在的根源。在"道"的基础上产生了阴阳，阴阳调和作用产生冲和之气，冲和之气再产生万物，因而天地万物都是一个统一的整体，即万物由阴阳而生，统一于道。所以说，世界万物都是由道衍生出来的，在道的支配下相互影响、相互依存，形成一个统一的整体。无论是人，还是作为人所栖身的生态环境，都是"道"这个整体中的一部分，因"道"而存在[②]的。在这个大生态观下，包括人在内的天地万物既有各自本身的显著差异，又具有统一的"道"的属性，最终相互依赖共生。从哲学的角度讲，当面对生态环境问题时，我们首先要考虑的不是如何找出具体的解决办法，而是先解决头脑中长期存在的观念问题。任何事物的结果，必有其原因，环境问题亦然。在造成环境问题的众多原因中，人类对待世界的态度是一个主要原因。在"天人合一"的思想中，"故道大，天大，地大，人亦大。域中有四大，而人居其一焉"。(《老子》第二十五章) 老子认为人只是四大之一，道、天、地、人是密不可分的，他们是平等的关系。庄子曰："天地与我并生，万物与我为一。"人并不是万物之统治者，人是天地自然而然的产物，是天地万物的一部分，人与宇宙万物相互平等，统一为一体[③]。总之，道家思想认为，世界万物统一为一个整体，人只是自然的一部分，人与自然是平等的关系。所以人要尊重自然万物，关爱一切生命。道家的生态伦理智慧在于没有把人置于统治者的地位，而是把人和自然放在同等重要的地位之上，从而构建了一种朴素的生态平等观[④]。

二是道法自然的生态发展观。老子认为"道"的根本特征就是自然，《道德经》第二十五章："人法地，地法天，天法道，道法自然"[⑤]。

① 老子.道德经全书[M].昆明：云南人民出版社，2013：167.
② 杨东魁.老子生态智慧对当代环境危机的启示[J].文化学刊，2019（2）：30-32.
③ 黄朴民，林光华.老子解读[M].北京：中国人民大学出版社，2011：21.
④ 何如意.道家的生态伦理智慧及其现代启示[J].安徽文学，2018（8）：127-129.
⑤ 陈鼓应.老子今注今译[M].北京：商务印书馆，2003：169.

一般认为，"道法自然"是道家思想的核心，也是合理处理人与自然生态关系的标准。道家思想把自然作为道的最高原则，自然是道的本性。需要注意的是，这里的"自然"不是我们现在所认为的自然界，而是一种世界万物自然而然的存在状态，天地万物应顺应道这种自然本性而运行。庄子也认为要顺应事物发展的规律，并且认为规律是客观的。以老子为代表的道家思想认为天地万物的运动变化是有规律的，人们应遵循其自然的内在规律，让事物按着它的本性自然而然地存在。"自然无为"中的"无为"不是什么都不作为，而是不要去妄为。"复命曰常，知常曰明，不知常，妄作，凶。"①（《老子》第十六章）道家思想所说的无为也不是什么都不做，否定人的一切活动，而是要求人在认识其内在规律的基础上有为，这样才是一种明智的行为；不遵循规律，随意作为，是要受到惩罚的。老子更加强调敬畏自然、顺应自然和对自然规律的尊重。也正是在这个基础上，他十分反对人类对自然物的过度掠夺，这对于缓和人和大自然之间的矛盾，保持生态环境的多样性、平衡性，以及抑制极端人类中心主义，有着十分积极的意义②。自然界在万物生灭变化的循环中，自然而存在各类物种的食物链和庞大的生态系统，呈现出生物的多样性与复杂性。只有不去人为干涉、破坏自然界自身的运行规律，奉行"天道"，处理好人类世界和自然世界的关系，让生态系统自己组织运行，才能呈现出自然界繁荣的生态图景③。

　　三是知足知止的生态消费观。"少私寡欲，知足知止"是道家思想的凝练表达之一。老子云："见素抱朴，少私寡欲。"人要返璞归真，回归到原来的素朴纯净的自然本性，遏制自己的欲望。"鹪鹩巢于森林，不过一枝；偃鼠饮河，不过满腹。"④道家思想认为，对于贪念和欲望要把握一定的度，在物质条件充盈的条件下，过分地贪求物质享受反而会使人身心俱疲，有损健康。"祸莫大于不知足，咎莫大于欲得，故知足之足，常足矣。"这个世界上最大的灾祸莫过于不知道满足，最大

① 黄朴民，林光华. 老子解读[M]. 北京：中国人民大学出版社，2011：85.
② 帅瑞芳，张应杭. 论老子"道法自然"命题中的和谐智慧[J]. 自然辩证法通讯，2008（4）：14-18.
③ 杨东魁. 老子生态智对当代环境危机的启示[M]. 文化学刊，2019（2）：30-32.
④ 张松辉. 庄子释注与解析[M]. 北京：中华书局，2011：10.

的罪过莫过于贪求无厌。老子从欲望和理性的角度，对"知足""知止"给予了辩证的解读，"故知足不辱，知止不殆，可以长久"。道家主张"知足""知止"。"知止"，即限制或遏制自己贪得无厌式地索取，把握事物自身所存在的限度，限制对自然界无节制的开发和利用。总之，道家生态伦理智慧要求克制人的欲望，减少对自然界无节制的索取，要懂得适可而止，合理开发和利用自然。以老子为代表的道家思想以批判的眼光审视现实社会，认为欲望驱使人性扭曲，使人只顾追求个人名利，只知贪图享乐，背离道德，破坏了人的自然淳朴、人之为人的自然生存状态，从而影响了人与自然和谐发展的状态。人类要保证自身的持续健康发展，认识到物质世界终有穷尽之时，应约束人之欲望，形成合理的生态消费观。综上所述，老子的生态观里蕴含着对人的深切关怀。无论是"知足"还是"知止"，都是在警示人们要认识和处理自身所面对的危机。老子的善意提醒，对于我们处理当代的环境危机，依然有着较强的现实意义。

（三）佛家生态思想要义

佛教的教育，是教人深信因果，要得正知正见，超脱轮回，渡己渡人，成就佛果。佛教创始人是悉达多（即释迦牟尼佛），佛教自创立（主要由印度传人）到现在已有 2000 多年历史。在中国传统文化中，有关尊重生命的思想表述得最完整的是佛教禅学。佛学理论中所阐发的佛教生命观，包含了丰富和深刻的生命伦理思想。佛教本身不是生态学，但从生态学的角度解读，可以发现佛教中蕴含着极其丰富的生态思想，具有独特的生态观。所谓佛教生态观，就是指佛教对生态问题的看法、观念①。佛教生态伦理思想从缘起理论出发，对宇宙和人生进行了分析，提出了"四谛说""十二因缘说""八正道说""五蕴说""涅槃论""无我观"等，包含着较高层次的生态伦理智慧②。其生态思想要义主要有：

一是缘起论对人类中心主义的纠偏。人类中心主义思想认为，在

---

① 王立平，王正.中国传统文化中的生态思想[J].东北师大学报（哲学社会科学版），2011（5）：191-192.

② 任俊华.论儒道佛生态伦理思想[J].湖南社会科学，2008（6）：27-31.

人与自然关系中，人是主体，自然是客体。主体的需要和利益是制定生态道德原则和评价标准的唯一根据，对非人类的动物、植物乃至整个自然界的关切完全是从人的利益出发，自然对人来说只具有工具价值[①]。长期以来，古今中外的思想家们一直将人类置于生态系统的顶端，认为人类是地球上最核心或者最重要的物种，生态系统的其他成员只具备"工具价值"，唯有人类具有"内在价值"。在人与自然的伦理关系中，应当贯彻"人是目的"的思想。最早提出"人是目的"这一命题的是康德，这被认为是人类中心主义在理论上完成的标志[②]。人类的一切活动都是为了满足自己的生存和发展需要，不能达到这一目的的活动是没有任何意义的，因此一切应当以人类的利益为出发点和归宿。目前这种"人类中心主义"思潮被认为是人类与自然环境发生冲突的根本原因，然而这种观念一直蛰伏在我们的潜意识之中。正是在这种思想的指导下，人类对自然进行了无限制的掠夺与攫取。在人类的践踏与摧残之下，生态环境急剧恶化，甚至还威胁到了人类自身的存在。佛教从出世主义的人生态度出发，提出了宇宙万物（众生）皆由因缘和合而成"一合相"的缘起论，认为万事万物的存在与发展皆有着内在的因果关系，整个世界都处于一个因陀罗网式的相互联系的整体之中[③]。"缘起论"认为世界上没有任何事物可以离开因缘而独立产生和存在，任何事物只有置身于整体中，在众多条件规定下才能确定其存在，才能显示其存在的价值。破坏了这种关系网络，任何一物都难以继续存在和发展。佛教"缘起论"有助于我们认识生态系统有机整体性，克服"人类中心主义"的狂妄与狭隘。

二是解脱论对消费享乐主义的检视。佛教的创立是释迦牟尼佛在对当时印度社会上盛行的追求财富与权力的文化价值导向的批判反思的基础上形成的。在佛教教义中，"苦"是三界世间不变的真理，一切事物的本质皆苦，佛教认为人生有八苦，分别是：生苦、老苦、病苦、

---

① 包庆德，彭月霞. 生态哲学之维：自然价值的双重性及其统一[J]. 内蒙古大学学报（人文社科版），2006（2）：3-8.

② 胡可涛. 现代性视域下的佛教生态智慧[J]. 哈尔滨工业大学学报（社会科学版），2015，17（2）：116-120.

③ 任俊华. 论儒道佛生态伦理思想[J]. 湖南社会科学，2008（6）：27-31.

死苦、爱别离苦、怨憎会苦、求不得苦、五阴炽盛苦。其中，前四苦是生理生命周期中不可避免的痛苦，后者则是现实社会交往活动中的痛苦。佛教认为娑婆世界，一切莫非苦。苦，不管是来自物、自然等外在因素，还是来自心、见等内在因素，究其根本来源，皆缘自我执（固执）、我见（见解）。佛教认为"生即死，死即生""生又何喜，死又何惧"。譬如执着于"生"，往往导致享乐主义、物质主义、纵欲主义；执着于"死"则可能导致禁欲主义、悲观主义。佛教认为只有拨开"生""死"的表象，才能活得解脱，才能活出生命的境界。但是在现代生活中，"消费"缔造了幸福生活的"神话"，似乎人们消费的物质财富越多，那么生活质量就越高。消费享乐主义者把人理解为"欲望的主体"，以满足感官的快乐为至上目标。但是，这却也容易造成对"物"的依赖性。"不消费，就消退"构成了消费享乐主义的理论逻辑。在消费社会中，人们以感官欲望的满足表达生命的存在。这不仅导致了对生态资源的过分攫取，而且抹杀了人存在的意义。在此意义上，"消费问题是环境问题的核心"①。因此，佛学文化中"解脱论"的借鉴意义在于真正的幸福不在于索取和拥有，而在于你的内心状态。必须正确地看待生命，认清生命的本质是"苦"，才能走出消费享乐主义误区，真正实现人生幸福。同时它有助于检讨消费享乐主义，认清当前生态危机的根源所在。

三是净土论对发展至上主义的拷问。"净土"在佛教中有两个层面的含义：他方净土与自心净土。他方净土描述的是一个自在圆满的外在的客观世界；而自心净土则是一种法喜充满的内在心灵世界的完美状态。佛教的理想国就是"净土"，不论是阿弥陀佛的"西方极乐世界"，还是毗卢遮那佛的"华藏世界"、药师佛的"东方净琉璃世界"、弥勒佛的"兜率内院"等，都是一种理想的佛国净土②。在那里，不仅了无烦恼、幸福安乐，而且环境优美、生态和谐。佛教中的"净土世界"最大的意义在于给众生一个追求的目标，树立一个理想的榜样。通过"诸

---

① 包庆德，张燕.关于绿色消费的生态哲学思考[J].自然辩证法研究，2004（2）：6-11.
② 胡可涛.现代性视域下的佛教生态智慧[J].哈尔滨工业大学学报（社会科学版），2015，17（2）：117.

恶莫作，众善奉行，自净其意"，将人间国土也建设成为人间净土，这是佛教徒努力的方向所在。佛教"净土论"对于发展至上主义的纠偏的意义在于，一方面，"发展"本身并不是目的，发展不仅不能以破坏生态环境为代价，而且发展至少不能偏离建设"美好家园"的目标①。"我们即使不从一种生态的观点出发来看待自然与美，也不得不承认，人类今天生活和居住的家园失去了曾经有过的美，失去了美丽和美好"②。另一方面，"发展"不能遗忘对人们的"心灵净土"的建构。人们外在生存条件的优越与富足固然有助于人们实现幸福，但是真正的幸福却需要源于健康心灵的生命感受。因此发展千万不可忘却对人自身的"心灵净土"的建设。

（四）其他传统文化中生态思想

大多数学者认为，儒道佛生态伦理思想是我国古代生态智慧的主体③④。除此之外，墨家从政治、社会、经济各维度建构系统的"天、地、人"和谐理念，使得天（自然）、天下、国家、诸侯、邑、乡、家、室、人都能在"天"的整体性视域下实现和谐共生、永续发展。这实则表征了顺天志、阴阳和的生态之道，兼相爱举公义的生态之德和交相利除天下害的生态之利的墨家生态智慧⑤。墨家生态智慧与其思想文化形成的历史背景有关，可以说与先秦诸子（尤指墨家之前和同其时代对其产生直接影响的诸子学说）的生态伦理思想是一脉相承的。在天人合一的自然社会关联性模式的影响下，墨家生态智慧表征出"天、鬼（自然）、人"合一的整体性思想特质，凸显了交互主体间（人、室、家、乡、邑、诸侯、国家、天下）以及人与自然（天人）之间共存而生的和谐理念，确证了"天"和"天志"整体视域之下一切存有包括

---

① 胡可涛. 现代性视域下的佛教生态智慧[J]. 哈尔滨工业大学学报（社会科学版），2015，17（2）：118.
② 张华. 生态美学及其在当代中国的建构[M]. 北京：中华书局，2006：84.
③ 任俊华. 论儒道佛生态伦理思想[J]. 湖南社会科学，2008（6）：27-31.
④ 郭倩一. 我国传统文化中生态文明思想及其当代价值研究[D]. 锦州：渤海大学，2015.
⑤ 陈小刚. 墨家生态智慧及其当代价值[J]. 湖北职业技术学院学报，2018，21（1）：19-24.

天、地、人以及自然万物的平等性。

在儒、道、佛、墨等主流文化流派之外，中国古代游记文学中也蕴含着丰富的环境伦理思想。古代游记萌芽于先秦，发展于魏晋，成熟于唐宋，盛行于明清，是一种极具环境美学特色的文学作品形式。作为古人留下的重要文献遗产，中国古代游记的主题是描写与宣扬自然环境，是对人与自然关系另一侧面的表现。古代文人将旅行中的所见所感写成游记，表达了自己的审美感受和追寻自然价值的理想，从另一方面体现了人与自然的亲和与融洽以及朴素的生态伦理思想。古代游记中的环境伦理思想有多种表现方式，比如通过主题描写赞美自然、通过道德谴责保护自然、通过自我追寻敬畏自然等。游记中表现出的人与自然关系，呈现出多重环境伦理意蕴，其内容具体包括"尊重自然、珍惜资源"的保护自然生态思想、"与景为友、赞赏自然"的肯定自然价值思想、"融入自然、物我两忘"的天人和谐思想等，并形成了以坚持整体的自然观为哲学基础、以崇尚和谐的人地观为基本取向、以关注人的精神生态为独特视角等比较鲜明的特征①。

中国传统文化中的生态伦理思想主要包括儒家、道家和佛教三个组成部分，其中儒家从人道契入天人关系，以人道体天道，将天道人伦化，以仁义思想为核心，把人类社会的道德属性赋予自然界，提出了仁民爱物的道德观。道家以超越一切的道为出发点，从自然的天道、天地循环中追求自然界的和谐，平等地对待万物，以此实现人与自然的和谐统一。中国佛教的诸流派，则根据缘起论的宇宙观、众生及万物皆有佛性的平等观，提出了尊重生命及其所处环境的生态伦理思想。儒、道、佛三大文化流派虽然主体思想不同，文化形态各异，但是它们在表达生态伦理思想时都不约而同地带有"天人合一""万物平等"等生态伦理观点，传统文化中的生态文明思想，对保护环境、维护生态平衡有着积极的促进作用，是当今研究生态智慧和推进生态文明建设的重要思想宝库。

---

① 刘於清. 中国古代游记中的环境伦理思想研究[D]. 吉首：吉首大学，2016.

二、重构：地方认知中的生态美学

"地方认同"是环境心理学研究中的重要概念，它指的是人对居住环境的自我认同，用于理解和测量"人-地关系"。已有研究分别从"地方依恋""地方感""地方依赖"等认知、情感和行为等方面论证了个体、社会和文化层面上的地方认同，我们可以统称其为地方性认知中的生态美学。"地方"是一种观看、认识和理解世界的方式[①]，诸多学者开展了非常有意义的研究。

、（一）地方性：一个多重学科关注的重要概念

地方作为人文地理学的基本概念，似乎已经得到了共识[②]，地方以各种面貌出现在大多数人文地理学研究中。但我们也应该看到，"地方"并不只是地理学家的概念工具，地方每天都出现在我们的报纸、政治人物的宣言以及围绕我们的社会世界中。如家具店告诉我们，可以把空间转变为地方；房地产业者告诉我们可能会想住在哪种地方；政治人物与报社编辑告诉我们，有些人是"不得其所的"；艺术家和作家试图在作品里召唤地方；建筑师则致力在建筑物里创造出地方感。"地方"不是人文地理学者的"专用资产"[③]。值得一提的是，在其他领域，地方也是个重要概念。如城市规划与建筑领域就是一个经常考虑地方感的行业，有很多书论及建筑和城市规划过程造成地方的死亡，如加拿大学者雅各布斯（Jacobs J.）的著作《美国大城市的死与生》（*The Death and Life of Great American Cities*），Don Martindale 的《小城镇与国家：地方与跨地方力量的博弈》（*Small town and the Nation：the Conflict of*

---

① CRESSWELL T. Place: A short introduction [M]. Oxford: Blackwell, 2004：21.

② 多篇文献中都明确提到 "地方" 是人文地理学基本概念，如 CRESSWELL T. Place: A short introduction [M]. Oxford: Blackwell, 2004：2；朱竑，钱俊希，陈晓亮. 地方与认同：欧美人文地理学对地方的再认识[J]，人文地理，2010, 25(6): 1-6；GREGORY D, JOHNSTON R, PRATT G, et al. The Dictionary of Human Geography (5th) [M]. West Sussex (UK): Wiley-Blackwell, 2009: 539.

③ CRESSWELL T. Place: A short introduction [M]. Oxford: Blackwell, 2004: 197.

Local and Translocal Forces）①和 Kevin Lynch 的《城市的形象》（*The image of the city*）等。他们试图发展创造具有深刻感受地方的新方法，以便营造富有意义的生活。这些建造师的工作与某些人文主义地理学间具有很多共同点。此外，生物区域学家也是研究地方的力量之一，他们认为我们当前的地方体系是任意、武断的，多半是人为产物。他们指出，现行政治地方的安排扰乱了生物区系统，使得生态问题的解决十分困难。Kirkpatrick Sale 在他的《大地居民》（*Dwellers in the land*）一书中主张从尺度、经济、政治和社会等角度，划分生物区的组织。他认为，人群必须接近他们的政府机构，而且应该在行动后果清晰可见的尺度上过活。但多数人文地理学家提出异议，认为 Sale 的地方视野过分受限于地域，且具有高度的排他性②。

透过地方的研究史，我们可以看到三种（至少）研究地方的取向（层次）：一是地方的描述取向。这种取向最接近我们对地方一词的最常识的理解，认为世界是一系列的地方构成，每个地方都可以被当作单一的区域来研究，实际上这种地方研究取向是区域地理学家采用的方法，他们所关心的是地方的独特性和特殊性，表达的是地方与地方之间的差异性，如地形、地貌等；二是地方的社会建构论取向。这种取向依然关注地方的特殊性，但只是被拿来当作更普遍而基本的社会过程的实例。马克思主义者、女性主义者和后结构主义者可能会采取这种地方取向。探讨地方的社会建构，涉及解释地方的独特属性，指出这些地方是如何在资本主义、父权体制、后殖民主义以及一大堆其他结构与条件下，完成更广大的一般性地方建构过程的；三是地方的现象学取向。这种取向并不特别关心特定地方的独特属性，也不太关切涉及特殊地方建构的社会力量。这种研究取向尝试将人类存在的本

① DON MARTINDALE, RUSSELL GALEN HANSON. Small town and the Nation: the Conflict of Local and Translocal Forces [M]. Westport, Conn. : Greenwood，1970. Don Martindale 等在《小城镇与国家：地方与跨地方力量的博弈》中描述一个具有地方传统特色的美式典型城镇在跨地方对话的作用下，小镇分别从立法、经济、财政等方面逐步失去地方的话语权，实现了标准化的"现代化都市"，继而地方政治经济结构以及居民生活方式，社会态度等均由"地方特色"转变成"国家标准"的过程。

② SALE, KIRKPATRICK. Dwellers in the land: The Bioregional vision[M]. San Francisco: Sierra Club, 1985.

质界定为必然且很重要的是"处于地方"。人文主义地理学学者、新人文主义者和现象学哲学家，大多采取这种研究取向①。这三种取向显然有重叠的地方，但它们表现了地方研究的三种深度层次。

（二）地方性概念流变的历史脉络

地方的概念由来已久。最早是 1947 年由地理学者怀特（J. Wright）提出的，他在《未知的土地：地理学中想象的地方》一文中定义，地方是承载主观性的区域。他认为，人与地理环境之间的互动关系有着复杂的形式与结构②。在早期人地关系理论的基础上，当代人文地理学应从人类社会实践与经验的角度出发，以人之主观性为基础，重新对地方及其内在的隐喻进行概念化。从地方所承载的主观性意义出发，对地方进行重新认识③。尽管当时地理学家已经认识到了区域具有主观意义，但怀特的地方概念并没有得到应有的重视④。20 世纪中期，在欧美人文地理学的定量化、理性化以及实证化思潮的影响下，地方这一概念的内涵被认为违背了具有现代性与科学性的理性与实证价值取向，相关研究也受到了巨大的冲击。但在 1970 年以后，以段义孚等为代表的人本主义地理学者重新将"地方"引入人文地理学研究的前沿，自其提出"恋地情结（Topophilia）"概念开始⑤。地方在人文主义地理学语境中被定义为一种"感知的价值中心"，以及社会与文化意义的载体⑥，与抽象、理性化的空间概念相区分。主观性与日常生活的体验是

---

① CRESSWELL T. Place: A short introduction [M]. Oxford: Blackwell, 2004: 85-86.
② WRIGHT J K. Terrae Incognita: The Place of Imagination in Geography[J]. Annals of the Association of American Geographers, 1947, 37: 1-15. 转引自朱竑，钱俊希，陈晓亮. 地方与认同：欧美人文地理学对地方的再认识[J]. 人文地理，2010，25（6）：1-6.
③ YOUNG T. Place Matters[J]. Annals of the Association of American Geographers, 2001, 91 (4): 681-682.
④ 于涛方，顾朝林. 人文主义地理学——当代西方人文地理学的一个重要流派[J]. 地理学与国土研究，2000，16（2）：68-74. 转引自周尚意，唐顺英，戴俊骋."地方"概念对人文地理学各分支意义的辨识[J]. 人文地理，2011，6：10-14.
⑤ TUAN Y F. Topophilia: A Study of Environmental Perception[M]. Englewood Cliffs: Prentice Hall, 1974. 1-125.
⑥ EYLES J. The Geography of Everyday Life [A]. Gregory D, Walford R. Horizons in Human Geography [C]. London: Macmillan, 1989. 102-117.

建构地方最为重要的特征[1]。从这个意义上讲,地方经由人类主观性(Subjectivity)的重新建构与定义,超越了空间实体单纯的物质性,进而成为一种充满意义、且处在不断动态变化中的社会与文化实体。正如 Relph 所言,地方意义的精华在于无意识的能动性使其成为人类"存在"的中心,以及人类在整个社会与文化结构中定位自身的一个坐标体系[2]。阿格纽(John Agnew)对地方作为"有意义的区位"的三个属性做出了定义:一是区位(Space);二是场所(Local);三是地方感(Sense of place)。阿格纽(John Agnew)的三分式定义得到了较多的认可[3]。

(三)地方理论的内容体系

地方理论中关注人地关系的概念主要有地方认同(Place identity)、地方依恋(Place attachment,也译为"场所依恋"[4])、地方感(Sense of place)、地方依赖(Place dependence,也译为"场所依赖"[5])、地方性等。很多研究者认为这个领域中研究的主要困难在于仍然缺少对相关概念之间关系的清晰性的界定[6]。朱竑、刘博认为地方感是一个动态变化的包容性概念,包括地方依恋与地方认同两个维度,地方依恋与地方认同是两个相关但各具独特内涵的概念[7]。本文主要从这些概念出现频率的角度分别进行阐述。本文主要从这些概念出现频率的角度分别进行阐述。

一是地方认同(Place identity)研究。Proshansky(1978)根据自

---

[1] RELPH E. Place and Placelessness [M]. London: Pion, 1976: 2-46; Tuan Y F. Space and Place: The perspective of Experience[M]. Minneapolis: Minnesota University Press, 1977: 3-19.

[2] RELPH E. Place and Placelessness [M]. London: Pion, 1976. 2-46.

[3] AGNEW J. Place and Politics: The Geographical Mediation of State and Society [M]. Boston and London: Allen and Unwin, 1987: 1-20.

[4] 黄向,保继刚,Wall Geoffrey. 场所依赖(place attachment):一种游憩行为现象的研究框架[J]. 旅游学刊,2006(21):19-24.

[5] 邹伏霞,阎友兵,王忠. 基于场所依的旅游地景观设计[J]. 地理与地理信息科学,2007,23(4):81-83.

[6] 庄春萍,张建新. 地方认同:环境心理学视角下的分析[J]. 心理科学进展,2011,19(9):1387-1396.

[7] 朱竑,刘博. 地方感、地方依恋与地方认同等概念的辨析及研究启示[J]. 华南师范大学学报(自然科学版),2011(1):1-7.

我和物理环境之间的认知联结，从概念上定义了地方认同。他认为地方认同是自我的一部分，是通过人们意识和无意识中存在的想法、信念、偏好、情感、价值观、目标、行为趋势以及技能的复杂交互作用，确定的与物理环境有关的个人认同（Personal identity）[①]。朱竑、钱俊希等从地方—空间的关系、地方认同的多样性与动态性、地方认同与权力的关系以及全球化背景下的地方认同四个方面对欧美人文地理学关于地方与认同之间辩证关系的研究进行系统的述评[②]。结合国内外地方理论研究的现状，笔者从研究对象、主题、方法、目标四个方面对地方认同理论的研究框架进行了梳理（见表 1-1）。

表 1-1　地方认同理论的研究框架及进展

研究对象	研究主题	研究方法	研究目标与主要结论
美国曼哈顿以南下东区（Lower East Side）的汤普金斯广场公园（Tompkins Square Park）[③]	地方认同，地方生产	田野调查法	表现城市改造过程中地方认同及地方意义重构的作用
绅士化过程中伦敦中产阶级和工人阶级原居民[④]	地方认同建构多样性	访谈法	绅士化过程中伦敦中产阶级和工人阶级原居民地方认同的差异，中产阶级所认同的地方是一个充满中产阶级文化品位、浪漫化的空间，工人阶级所认同的地方则主要是基于日常生活琐碎的景观

---

① PROSHANSKY H M. The city and self-identity graduate school and graduate center of the city university of New York[J]. Environment and Behavior, 1978, 10: 147-169.

② 朱竑，钱俊希，陈晓亮. 地方与认同：欧美人文地理学对地方的再认识[J]. 人文地理，2010, 25（6）: 1-6.

③ CRESSWELL T. Place: A short introduction [M]. Oxford: Blackwell, 2004:8-14.

④ MARTIN G P. Narratives Great and Small: Neighbourhood Change, Place and Identity in Notting Hill [J]. International Journal of Urban and Regional Research, 2005, 29(1): 67-88.

续表

研究对象	研究主题	研究方法	研究目标与主要结论
泰国的 Pha- ngan 岛①	地方认同建构多样性	访谈法	泰国 Pha-ngan 岛在外国游客的地方认同中被构建成了纵欲、游乐的天堂,而本地精英却通过特有的方式捍卫了本土居民传统地方认同中固守的价值与传统,在一场认同的博弈中保持了一种权利与关系的平衡
英属哈里斯岛世居人民的手工艺品哈里斯挂毯②	地方认同的变化与重构	田野调查法	世居人民在特定的社会与政治情境下对于地方意义与地方认同的再建构
美国移民城镇"小瑞典"社区居民③	地方认同的动态性	田野调查法、访谈法	基于本土的地方认同不断消亡,基于公众认同的文化符号逐渐成为本地居民构建"小瑞典"地方认同的重要组成元素,地方认同在动态中建构
墨西哥矿业城镇 Sonora 矿工④	权利关系与地方认同	访谈法	地方内部以及外部的权力关系影响基于地方的身份认同,不同社会群体形成统一的地方认同的模式
以色列加利利山音乐节与地方认同之间的关系⑤	权利关系对地方认同的影响	田野调查法、访谈法	以欧洲高雅艺术为主导的加利利山音乐节实际是以色列上流社会建构地方认同,想象地方意义的方式。而以色列社会的草根阶层则被排除在空间的意义之外

① MALAM L. Geographic Imagination: Exploring Divergent Notions of Identity, Power and Place meanings on Pha-ngan Island, Southern Thailand [J]. Asian Pacific Viewpoint, 2008, 49(3): 331-343.
② MACKENZIE A F. Place and the Art of Belonging [J]. Cultural Geographies, 2004, 11: 115-137.
③ Schnell S. Creating Narratives of Place and Identity in "Little Sweden, U. S. A" [J]. Geographical Review, 2003, 93(1): 1-29.
④ HARNER J. Place Identity and Copper Mining in Senora, Mexico [J]. Annals of the Association of American Geographers, 2001, 91 (4):660-680.
⑤ WATERMAN S. Place, Culture and Identity: Summer Music in Upper Galilee [J]. Transaction of the Institute of British Geographers, NS, 1998, 23(2): 253-267.

续表

研究对象	研究主题	研究方法	研究目标与主要结论
贵州咸宁县石门坎乡大花苗（族）①	跨地方对话与地方重构	田野调查法、访谈法	贵州石门坎大花（族）借助基督教会的进入，启动跨地方对话，通过西方生产技术和处世价值观的吸收及民族文化符号的重构，实现民族认同的重生，达成了民族崛起。大花苗（族）自组织能力的提升、地方话语权的获得及主体地位的体现，促使其民族"自我赋权"，实现地方意义的重塑
深圳三祝里福音村基督教的发展②	本土化与全球化在村落演化中的响应	田野调查法、访谈法	研究以深圳市三祝里福音村为个案，通过分析 20 世纪初以来该村落基督教的动态发展过程，关注全球化在福音村基督教的兴衰浮沉中所扮演的角色，尝试从文化地理学角度剖析全球化背景下福音村如何"老死"，又如何获得"重生"的进程，以寻求本土化与全球化在村落演化中的响应
广州"迎春花市"的传统民俗③	传统节庆在地方认同建构中的意义	问卷调查、参与式观察、深度访谈等	迎春花市对地方认同的建构具有积极作用，但不同群体对迎春花市的认同过程存在一定差异。节庆能很好地将不同群体整合进更大的社区，但是新来者要成为"本地人"，建立起地方认同仍需假以时日。这些发现将有助于理解广州不同文化身份市民的文化融合及地方认同的形成原因

① 袁振杰，朱竑. 跨地方对话与地方重构——从"炼狱"到"天堂"的石门坎[J]. 人文地理，2013（2）：53-60.
② 朱竑，郭春兰. 本土化与全球化在村落演化中的响应——深圳老福音村的死与生[J]. 地理学报，2009，64（8）：967-977.
③ 刘博，朱竑，袁振杰. 传统节庆在地方认同建构中的意义——以广州"迎春花市"为例[J]. 地理研究，2012，31（12）：2197-2208.

续表

研究对象	研究主题	研究方法	研究目标与主要结论
广德湖区内民间神祠信仰的祭祀[①]	民间祠神视角下的地方认同形成和结构	访谈法	通过宁波广德湖田区历史空间结构演变中地方祠神为象征的地方认同分析，探讨地方认同的形成和结构，进而提出一个地方认同的结构框架，包括空间、象征和集体记忆三个要素，它们互相依存，共同组成地方认同整体。其中，空间是地方认同的指向和发生容器，集体记忆是地方认同得以区别于他者的唯一性和特征，而象征标志则使得记忆凝缩、人群凝聚、记忆凭依，使地方概念得以升华和延续

资料来源：CNKI 中所检索的相关文献

从研究方法上看，对地方认同的研究多数采用观察法、案例研究等，但近年来有部分学者采用 GIS（Geographic information system）方法研究地方认同。如 Aitken、Stutz、Prosser 和 Chandler（1993）[②]采用了地理信息系统研究地方认同，其研究关注社区融合和居民对社区的熟悉性。采用 GIS 是因为人们在社区中的空间认知基础是个人的行为习惯，这使得居住者能够基于对地方的熟悉性建构 GIS，而不需要用复杂的认知代表物去解释什么是相对熟悉的环境。此外意象地图的研究方法也运用于地方认同研究之中，如蔡晓梅、刘晨、朱竑[③]以中山大学校友为调研对象，采用目的性抽样法，通过深度访谈和绘制校园意象地图两种方法获取原始资料，援引城市意象和城市空间性理论，探讨大学的怀旧意象及其空间性建构。

① 郑衡泌. 民间祠神视角下的地方认同形成和结构——以宁波广德湖区为例[J]. 地理研究，2012，31（12）：2209-2219.
② AITKEN S, STUTZ F, PROSSER R, et al. Neighborhood integrity and resident's familiarity: Using a geographic information system to investigate place identity. Tjidschrift voor Economische en Sociale Geografie, 1978, 84: 2-12.
③ 蔡晓梅，刘晨，朱竑. 大学的怀旧意象及其空间性建构——以中山大学为例[J]. 地理科学. 2013.

　　二是地方感（Sense of place）研究。地方感是关于人们对特定地理场所（Setting）的信仰、情感和行为忠诚的多维概念。段（Tuan，1974）把恋地情结（Topophilia）引入地理学中，用来表示人对地方的爱恋之情。赖特（Wright，1966）首创敬地情结（Geopiety）一词，用来表示人对自然界和地理空间产生的深切敬重之情[①]。地方感主要包括地方依恋（Place attachment）、地方认同（Place identity）、地方意象（Place image）和机构忠实（Agency commitment）等研究领域[②]。因此环境心理学中所谓的地方依恋、地方认同和地方依赖，事实上都属于地方感的研究范畴（表 1-2）。

表 1-2　地方感理论的研究框架及进展

研究对象	研究主题	研究方法	研究目标与主要结论
全球（进步）的地方感（A global sense of place）[③]	进步地方感理论	案例研究	马西在批判哈维理论的基础上提出了全球（进步）的地方感理论，指出应从多样的社会建构出发，理解地方性的形成过程
"全球的地方感"评述评与广州案例[④]	进步地方感理论	文本分析法	基于马西的进步地方感理论，研究通过对广州关于移民以及粤语传承问题讨论中出现的话语进行的文本分析，指出广州本地社会在上述讨论的过程中，其少部分话语已经呈现出进步地方感所批判的禁锢性，因此需要在重新认识地方的过程中加以修正

① 约翰斯顿 R J. 人文地理学词典[M]. 柴彦威，等译. 北京：商务印书馆，2004.
② 唐文跃. 地方感研究进展及研究框架[J]. 旅游学刊，2007，22（11）：70-77.
③ Cresswell T. Place: A short introduction [M]. Oxford: Blackwell, 2004: 87-94.
④ 钱俊希，钱丽芸，朱竑. "全球的地方感"理论述评与广州案例解读[J]. 人文地理，2011（6）：40-44.

续表

研究对象	研究主题	研究方法	研究目标与主要结论
地方感研究进展及研究框架①	地方感理论综述	文本分析法	阐述了国外地方感研究的主要领域及其进展，分析了地方感研究中主要概念的维度与态度要素构成，构建了地方感研究框架，同时讨论了我国地方感研究的理论与现实意义，指出了研究方向与重点
安徽省天堂寨乡村居民旅游影响感知研究②	"地方感—发展期望—影响感知"理论	问卷调查、案例研究	以地方感作为理论切入点，以发展期望作为中介变量，构建了"地方感-发展期望-影响感知"理论模型，并以安徽省天堂寨作为实证案例
情境主题餐厅员工地方感特征及其形成③	异位的超现实空间（Hyperreality）地方感特征	案例研究法、体验式观察和深度访谈	通过对广州味道云南食府这一典型情境主题餐厅员工的体验式观察和深度访谈，探讨了情境主题餐厅员工对不同尺度空间产生的不同地方感特征及其原因

① 唐文跃. 地方感研究进展及研究框架[J]. 旅游学刊，2007，22（11）：70-77.
② 尹立杰，张捷，韩国圣. 基于地方感视角的乡村居民旅游影响感知研究——以安徽省天堂寨为例[J]. 地理研究，2012，31（10）：1916-1926.
③ 蔡晓梅，朱竑，刘晨. 情境主题餐厅员工地方感特征及其形成原因——以广州味道云南食府为例[J]. 地理学报，2012，67（2）：239-252.

续表

研究对象	研究主题	研究方法	研究目标与主要结论
世界遗产地旅游者地方感影响关系及路径①	旅游者地方感的影响关系路径及运行机理	结构方程模型（SEM）、问卷调查、案例研究	以世界遗产地苏州古典园林为例，基于旅游涉入、旅游吸引力、旅游功能、地方感、遗产保护态度与遗产保护行为6个潜变量，构建地方感结构关系模型，通过设计量表并回收909份有效调查样本，运用SPSS、Amos软件及验证性因子分析方法，探讨了旅游者地方感的影响关系路径及运行机理
休闲者的地方感研究②	休闲者地方感影响因子及规划应用	调查问卷案例研究	通过问卷调研，利用管理统计分析软件，剖析对比了三个案例街区休闲者地方感的不同，探讨休闲者地方感的影响因子及其权重分布

资料来源：CNKI 中所检索的相关文献

在研究方法上，莱弗（Relph，1976）、斯蒂尔（Steele，1981）、朱伯（Zube，1982）③、格林（Greene，1996a）④等分别构建了地方感概念模型。在借鉴上述四个概念模型、游憩体验偏好（REP）量表和林奇（Lynch）等的设计理论的基础上，波特（Bott，2000）研制了一个由自然环境因子、文化环境因子、情感因子和功能因子等四个方面

① 苏勤，钱树伟. 世界遗产地旅游者地方感影响关系及机理分析——以苏州古典园林为例[J]. 地理学报，2012，67（8）：1137-1148.
② 顾宋华. 休闲者的地方感研究——以环西湖休闲往区为例[D]. 杭州：浙江大学，2011.
③ ZUBE E H, SELL J L, TAYLOR J G. Landscape perception [J]. Landscape Planning, 1982,(9):1-33.
④ GREENE TC. Cognition and the management ofplace[A]. Driver B. et al. Nature and the Human Spirit. State College, Pa. :Venture Publishing, 1996a: 301-310.

构成的心理测量量表，用于人工环境地方感的测量①。

三是地方依恋（或场所依恋，Place attachment）。地方依恋（Place attachment）是行为地理学和环境心理学共同研究的领域。近十多年来，地方依恋一直是国外游憩地理学和环境心理学的研究热点。威廉斯等于 1989 年提出"地方依恋"的概念②。随后，威廉斯等提出了地方依恋的理论框架，指出地方依恋由地方认同（Place identity）与地方依赖（Place dependence）两个维度构成，地方依赖是人与地方之间的一种功能性依恋，而地方认同是一种情感性依恋，并设计了地方依恋量表，用于测量个人与户外游憩地的情感联结关系③。之后的理论研究主要涉及地方依恋的概念、维度、影响因素等方面（表 1-3）。

表 1-3　地方依恋理论的研究框架及进展

研究对象	研究主题	研究方法	研究目标与主要结论
地方依恋的要素维度④	地方依恋的构成要素	游客使用图片（visitor employed photography，VEP）方法	使用 VEP 方法采集了 40 个样本共 92 张图片，通过样本对每一张图片的意义阐释所形成的质性数据研究了旅游地地方依恋的组成要素。研究表明旅游地地方依恋从纵向可分为精神性依恋和功能性依恋，从横向可分为环境景观维度、休闲维度、人际社交维度和设施服务维度等四个要素维度，并构建了二维八象限的地方依恋结构质性模型

① BOTT S E. The development of psychometric scales to measure sense of place[D]. Colorado State University,2000.
② WILLIAMS D R, ROGGENBUCK J W. Measuring place attachment: some preliminary results[M]. Proceeding of NRPA Symposium on Leisure Research, San Antonio, TX, 1989.
③ WILLIAMS D R, PATTERSON M E, ROGGENBUCK J W. Beyond the commodity metaphor: Examining emotional and symbolic attachment to place[J]. Leisure Sciences, 1992,(14):29-46.
④ 黄向，温晓珊. 基于 VEP 方法的旅游地地方依恋要素维度分析——以白云山为例[J]. 人文地理，2012（6）：103-109.

续表

研究对象	研究主题	研究方法	研究目标与主要结论
古村落居民地方依恋特征分析①	地方依恋特征分析	威廉斯的地方依恋量表	以皖南的西递、宏村、南屏 3 个古村落为案例对居民的地方依恋特征进行了研究。
古村落居民地方依恋与资源保护态度②	地方依恋的应用	结构方程模型、问卷设计与调查	以皖南的西递、宏村和南屏等 3 个古村落为例，设计量表测量了古村落居民的地方依恋，通过构建结构方程模型探讨了居民地方依恋与其资源保护态度的关系
青少年地方依恋程度的测量③	地方依恋的测量工具	威廉斯的地方依恋量表	检验地方依恋量表中文版的信效度，并以此测量青少年对不同类型环境的地方依恋特征
场所依恋作为一种游憩行为现象的研究框架④	场所依赖理论在旅游学研究中框架结构		讨论了场所和场所依赖的概念及其发展，介绍了西方场所依赖研究的最新进展。文章的主要贡献包括：①首次将以游憩为角度开展研究的场所依赖理论引进我国；②用数学方法示意理解场所依赖的结构；③构建了场所依赖理论的 CDEEM 研究框架

---

① 唐文跃. 皖南古村落居民地方依恋特征分析——以西递、宏村、南屏为例[J]. 人文地理，2011（3）：51-55.

② 唐文跃，张捷，罗浩. 古村落居民地方依恋与资源保护态度的关系——以西递、宏村、南屏为例[J]. 旅游学刊，2008，23（10）：87-92.

③ 池丽萍. 苏谦. 青少年的地方依恋：测量工具及应用[J]. 中国健康心理学杂志，2011，19（12）：1523-1526.

④ 黄向，保继刚，Wall Geoffrey. 场所依赖（place attachment）：一种游憩行为现象的研究框架[J]. 旅游学刊，2006（21）：19-24.

续表

研究对象	研究主题	研究方法	研究目标与主要结论
旅游者"场所依恋"形成机制[①]	场所依恋的形成机制		从"场所依恋"形成的逻辑基础入手,首次提出了自主选择旅游目的地的旅游者"场所依恋"形成机制:个人自在获得场所自在的有关信息,在脑海中首先形成一个概念场所,若能接受,则产生实际的旅游行为;到实地参观访问后,便会产生一个场所映象,即基模场所,若基模场所超过概念场所预期又符合个人的价值观体系,即经过一个"内省"的过程,"场所依恋"可能产生
基于场所依赖的旅游地景观设计[②]	场所依赖的应用		将场所依赖理论作为一种新理念引入旅游地景观设计,从指导思想、前期调查、景观设计到整体评估全程运用该理论,以提高游客的重游率和忠诚度

资料来源:CNKI 中所检索的相关文献

从研究方法来看,大多数研究采用了定量研究,其中结构方程模型、威廉斯的地方依恋量表及其改进应用最多。

四是地方性研究。地方性的英语翻译为 Place identity,与地方认同似乎是一个词。在区域地理学里,地方性强调的是一个区域与另一

---

① 周慧玲,许春晓. 旅游者"场所依恋"形成机制的逻辑思辩[J]. 北京第二外国语学院学报,2009(1):22-26.
② 邹伏霞,阎友兵,王忠. 基于场所依的旅游地景观设计[J]. 地理与地理信息科学,2007,23(4):81-83.

个区域的差异性。吴必虎指出，地方性是指旅游目的地自身独特的地方特性，也称地格（Placeality）①。20世纪90年代，著名学者陈传康先生首次在分析旅游地形象设计和开发中引入了"文脉"的概念，即一种四维空间组合。这种组合由一种地域性的、综合性的自然地理基础和历史文化传承及社会心理积淀组成②。

传统地方性的划分。传统地方性的划分是通过识别特定的地理空间中独特的属性或要素，如地形地貌单元，通过特定的指标体系和评价标准，人为地划分出地方的边界。尽管传统的区域地理学研究在近年来被批判为带有僵化的科学主义和逻辑实证主义色彩，但其界定地方性的基本理论思路至今依然是适用的。随着社会科学中的"空间转向"的不断深入，理解地方这一特殊的空间概念也应当更深入地置身于实实在在的社会、经济与文化过程之中。而实证研究的视角，亦需要从对地方边界的简单而机械的划分，转向社会关系与地方建构之间的互动，以及社会成员对地方性复杂的体验以及解读③。地方性有三个特点：独特性是地方性的基本含义，自然地理环境的独特性是自然形成的，社会文化方面的独特性则需要长期的积累并得到人们的认同和传承，才逐渐为一个地方所拥有。社会文化独特性通常表现在地域性的文化符号（如语言、建筑、风俗习惯与生活方式）及其所代表的意义上。地方性还具有主体性，不同的人对同一个地方有不同的经验和认识，赋予地方不同的意义，对一个地方的地方性的描述也不一样，因而地方性离不开主体的经验。地方性还表现为地域附着性。地方性是在一定范围的地域中形成的，对地方性的认识和理解离不开人所在的地域环境④。西方的城市复兴过程中主要有三种路径影响着城市地方性特色的转变：第一种是绅士化（中产阶级化），通过具有较高收入和文化品位的中产阶级或艺术家的进驻实现整个街区品质的改变和提

① 吴必虎. 区域旅游规划原理[M]. 北京：中国旅游出版社，2001：5-7.
② 张广瑞. 旅游规划的理论与实践[M]. 北京：社会科学文献出版社，2004：100-108.
③ 钱俊希. 地方性研究的理论视角及其对旅游研究的启示[J]. 旅游学刊，2013，28（3）：5-7.
④ 唐文跃. 地方性与旅游开发的相互影响及其意义[J]. 旅游学刊，2013，28（4）：9-10.

升；第二种是本地居民自主修复，不断完善自身的生活环境并积累地方的记忆；第三种是政府和开发商主导的改造模式，通过基础设施的完善甚至创意产业的打造，实现街区功能的改变和原有的社会文化特征的消解与再造①。

综上所述，不管是从地方理论的起源还是国内外地方研究的主要阵地来看，地方最初都是人文地理学的基本概念，但已不专属于人文地理学了；地方理论的构成主要包括三个部分：地方概念、地方感和地方性。其中地方概念的研究最早，阿格钮（John Agnew）对地方概念做了三分式定义：区位（Space）、场所（Local）和地方感（Sense of place）。这一概念得到了较多的认可。地方感领域研究成果最多，方法较为完善，应用较广。一般认为，地方感主要包括地方依恋（Placeattachment）、地方认同（Place identity）、地方意象（Place image）和机构忠实（Agency commitment）等研究领域。但其构成维度与概念之间的关系一直较为模糊（表1-4）。

表1-4　地方理论的主要研究领域

地方理论构成	构成维度	主要研究内容	主要研究方法
地方概念	物质环境	地方的构成、地方意义	
	个人内在心理		
	社会过程		
地方感	地方认同	地方感的维度、地方感的测量、地方感在旅游、城镇规划中的应用	威廉斯地方依恋量表、问卷调查、参与式访谈、游客使用图片法、结构方程
	地方依恋		
	地方依赖		
地方性	自然地理环境	地方性分析、地方性积累与消费、地方性在旅游、城镇规划应用	指标体系划分地方
	人文社会要素		

资料来源：CNKI中相关文献综合分析结果

①　陈晓亮. 地方性的积累与消费—"荔枝湾"的浮现与"恩宁路"的消隐[J].
旅游学刊，2013，28（4）：10-11.

地方理论的研究范畴除文中叙述的主要领域之外，还呈现出更为广泛的应用性特点。如"邻避主义"现象的解释和影响因素研究[①]、城市空间变迁背景下的地方感知与身份认同研究[②]、门禁社区与周边邻里关系研究[③]、地方意象的研究等。地方理论的实践与应用方面较广，从现状来看，主要集中于旅游美学、城市规划等领域。

三、超越：中国特色社会主义生态文明

自 20 世纪 50 年代以来，人类活动持续不断的层累性环境破坏形成的负面效应，逐渐从整体上彰显出生态危机，进而催化了生态文明意识的萌生。党的十八大提出了中国特色社会主义"五位一体"总体布局，以习近平同志为核心的党中央把生态文明建设摆在改革发展和现代化建设全局位置，坚定贯彻新发展理念，不断深化生态文明体制改革，推进生态文明建设的决心之大、力度之大、成效之大前所未有，开创了生态文明建设和环境保护新局面。习近平总书记指出，绿水青山就是金山银山。建设生态文明是关系人民福祉、关乎民族未来的千年大计，是实现中华民族伟大复兴的重要战略任务。党的十九大报告不仅对生态文明建设提出了一系列新思想、新目标、新要求和新部署，为建设美丽中国提供了根本遵循和行动指南，更是首次把美丽中国作为建设社会主义现代化强国的重要目标。美丽中国目标的提出，不仅寄予了人民对未来美好生活的期盼，也反映了中国共产党对人类文明规律的深刻认识、对现代化建设目标的丰富理解。党的十八大以来，习近平同志高度重视生态文明建设，提出了一系列关于生态文明建设的新理念新思想新战略，为推进生态文明建设提供了理论指导和行动指南。结合中共中央宣传部《习近平新时代中国特色社会主义思想三

---

① 杨槿，朱竑."邻避主义"的特征及影响因素研究——以番禺垃圾焚烧发电厂为例[J]. 世界地理研究，2013，22（1）：148-157.
② 朱竑，钱俊希，吕旭萍. 城市空间变迁背景下的地方感知与身份认同研究——以广州小洲村为例[J]. 地理科学，2012，32（1）：18-24.
③ 封丹，Werner Breitung，朱竑. 住宅郊区化背景下门禁社区与周边邻里关系——以广州丽江花园为例[J]. 地理研究，2011，30（1）：61-70

十讲》材料，这里将习近平生态文明思想的要点概述如下①：

一是生态兴则文明兴、生态衰则文明衰。人类文明进步要处理好人与人、人与自然这两个最基本的关系。如果人与人的关系处理不好，就会导致社会动荡、国家衰败；如果人与自然的关系处理不好，同样会导致社会崩溃、文明衰退。这是一个客观规律，古今中外这方面的事例很多。习近平同志关于生态兴则文明兴、生态衰则文明衰的科学论断，从辩证唯物主义和历史唯物主义的立场，总结了人类文明发展规律，揭示了人与自然关系在人类文明进步中的基础地位。

二是绿水青山就是金山银山。习近平同志关于绿水青山就是金山银山的重要论断，辩证地阐明了生态环境与经济发展的关系。在实践中对绿水青山和金山银山之间关系的认识经过了三个阶段：第一个阶段是用绿水青山去换金山银山；第二个阶段是既要金山银山，但是也要保住绿水青山；第三个阶段是认识到绿水青山可以源源不断地带来金山银山，绿水青山本身就是金山银山。这三个阶段是经济增长方式转变的过程，是发展观念不断进步的过程，也是人与自然关系不断调整、趋向和谐的过程。绿水青山就是金山银山的重要论断具有重大理论价值，从生产和消费、供给和需求两端丰富了发展理念，拓宽了发展内涵，对提高发展质量和效益、促进经济持续健康发展具有重大理论意义和现实意义。

三是山水林田湖是一个生命共同体。习近平同志关于山水林田湖草是一个生命共同体的重要论述，形象地阐明了自然生态系统各要素间相互依存、相互影响的内在规律。他指出，人的命脉在田，田的命脉在水，水的命脉在山，山的命脉在土，土的命脉在树。如果种树的只管种树、治水的只管治水、护田的单纯护田，很容易顾此失彼，最终造成生态的系统性破坏。这就告诉我们，保护修复自然生态，必须遵循生态系统自身的规律，否则可能事倍功半，甚至徒劳无功。

四是实行最严格的生态环境保护制度。习近平同志关于保护生态

---

① 中共中央宣传部. 习近平新时代中国特色社会主义思想三十讲[M]. 北京：学习出版社，2018：242；杨伟民. 建设生态文明 打造美丽中国——深入学习贯彻习近平同志关于生态文明建设的重要论述[N]. 人民日报，2016-10-14（007）.

环境必须依靠制度、依靠法治的重要论述，深刻揭示了建设生态文明的根本举措。只有实行最严格的制度、最严密的法治，才能为生态文明建设提供可靠保障。必须把制度建设作为推进生态文明建设的重中之重，着力破解制约生态文明建设的体制机制障碍，尽快出台相关改革方案，把生态文明建设纳入法治化、制度化轨道。

可以看出，中国特色社会主义生态文明是以环境文明为基石、以制度文明为框架、以精神文明为方向、以生活文明为实践呈现的人类为保护和建设美好生态环境而取得的物质成果、精神成果和制度成果的总和，是贯穿于经济建设、政治建设、文化建设、社会建设全过程和各方面的系统工程，反映了一个社会的文明进步状态。

第二章　传统聚落生态智慧的理论框架

　　自 1992 年佘正荣在《宁夏社会科学》上发表第一篇题名中含有"生态智慧"的文章《略论马克思和恩格斯的生态智慧》[①]以来，学界产出了以"生态智慧"为标题的文章约 600 多篇，可以说蔚为大观。生态学、民族学、哲学、伦理学、教育学、建筑学等相关学科均对"生态智慧"问题给予了高度关注。但笔者在研究过程中发现，大多数研究者在文献中对"生态智慧"这一最令人迷惑和最有倾向性的术语语焉不详。在传统聚落生态智慧研究领域，一些学者选择对概念做模糊化处理或未对"生态智慧"进行明确定义，还有一部分学者出于理论研究和社会实践的需要，尝试给出自己心目中理想的定义。作为学科研究中不可回避的重要概念之一，只有关注并探讨此问题，才可解决传统聚落生态智慧的理论基础问题。本章拟对传统聚落生态智慧的理论框架做初步探讨。

一、"生态智慧"的文本出处

　　通过相关文献查阅，"生态智慧"的文本出处大致有三个：传统文化、城乡规划和深层生态学。

（一）传统文化领域

　　中国的生态智慧发展较早，以儒释道为中心的中华文明，在几千年的发展过程中，形成了系统的生态伦理思想。实际上，生态文明指

---

　　① 佘正荣. 略论马克思和恩格斯的生态智慧[J]. 宁夏社会科学，1992（3）：18-23.

向的是一种生态哲学思想，就是生态智慧①。李子蓉等认为生态智慧是指在复杂多变的生态关系中健康生存和发展下去的主体素质，其具有生存实践的价值②。在依赖现代科技的同时，人们需要更多地去思考如何传承与借鉴传统文化中的生态智慧，实现人与大自然的和谐相融。刘华斌等认为水生态智慧就是人类在与水相处、运用水的过程中蕴含的人类的创造力、与自然和谐相处的能力和智慧③。从上述生态智慧的研究中可以看出，一些学者虽然涉及了生态智慧的内容，将生态智慧置于日常生产生活中进行历史关照，挖掘其历史价值，服务于当代价值，但缺乏对生态智慧的整体性梳理，对生态智慧历史价值的关照不够。因此，在传统文化领域，"生态智慧"一词更多地被视作认识论、价值观和世界观的术语。

（二）城乡规划领域

张振威认为"生态智慧"一词发源于哲学、文学与人类学等领域。生态智慧作为一个新议题被引入生态实践领域，源于"国际生态智慧学社"（ISEW：The International Society for Ecological Wisdom）。该机构以生态智慧为纲领，主要开展对生态可实践性知识（actionable knowledge）的理论探索④。追溯 ISEW 机构所做的研究与探索，发现 ISEW 对生态智慧的定义、功能、意义、认知模式、经典案例等已经有卓有成效的建构，也已经以生态智慧为纲领展开了对具体领域的生态实践分析。ISEW 发起人之一象伟宁将生态智慧定义为"一种特殊形式的生态知识领域，由内化了个人或群体在生态研究、规划、设计与管理等领域的先验和确证的知识所形成的特殊个例组成"⑤。李佳璇等

---

① 李松柏，苏冰涛. "生态贫民"对国家生态保护政策认同度研究：以秦巴山区为例[J]. 科学·经济·社会，2012，30（1）：5-10.

② 李子蓉，赖莉芬，张莹，等. 泉州传统民居的生态智慧探析及启示[J]. 青岛理工大学学报，2018，39（2）：58-63.

③ 刘华斌，古新仁. 传统村落水生态智慧与实践研究——乡村振兴背景下江西抚州流坑古村的启示[J]. 三峡生态环境监测，2018，3（4）：51-57.

④ 张振威. 生态智慧的制度之维——论法律在城乡生态实践中的作用[J]. 国际城市规划，2107，32（4）：48-53.

⑤ XIANG W. Doing Real and Permanent Good in Landscape and Urban Planning: Ecological Wisdom for Urban Sustainability[J]. Landscape and Urban Planning, 2014,121: 65-69.

将生态智慧定义为"在渊博的知识和丰富的实践经验基础上得出的人类和周围环境和谐共存的最佳方式的思想精髓"[①]。付鑫、王昕晧等将生态智慧定义为"一种可感知的智慧,旨在避免灾难性的过度开发,基于生态知识和规划伦理的明智之举,也是规划设计的基准"[②]。同时,象伟宁提出了生态智慧的认识论途径,应"基于循证的观念、原则、策略与途径所产生的并长久存续的生态工程……谨慎利用并在遵循经济、政策、社会、文化的原则和策略的基础上所形成的城市可持续性研究、规划、设计与管理等实践"。他认为在认知实践上,生态智慧的获取和应用需要一个与美国学者贝利·斯瓦茨(Barry Schwartz)和肯·夏普(Ken Sharpe)提出的"实践的智慧"(practical wisdom)相类似的社会学习周期[③]。从上述研究可以看出,这里生态智慧概念探讨的是生态智慧运行论和实践论,重点在于研究生态智慧指导城乡生态实践,以及这些程序性因素如何反过来促进实体的生态智慧领域知识的演化。如为了回应城市雨洪管理议题,在 2016 年 7 月"生态智慧与城乡生态实践同济论坛"的基础上,《生态学报》刊发了 15 篇以"生态智慧引导下的城市雨洪管理实践"专题文章,分别从必要性、哲学与伦理基础、方法与案例等角度来探讨以生态智慧引导城市雨洪的管理与规划设计实践[④]。付鑫、王昕晧等提出了基于生态智慧的规划支持系统(Ecological Wisdom Inspired Planning Support System)来模拟、分析和评估规划情景[⑤]。

(三)深层生态学领域

阿伦·奈斯(Arne Naess)是深层生态学的创始人、深层生态运动

---

① 李佳璇,伏玉玲,象伟宁,等. 生态智慧与当代城市绿地建设[J]. 北方园艺,2015,16:87-93.
② FU X, et al. Ecological Wisdom as Benchmark in Planning and Design[J]. Landscape and Urban Planning, 2016, 155:79-90.
③ XIANG W. Doing Real and Permanent Good in Landscape and Urban Planning: Ecological Wisdom for Urban Sustainability[J]. Landscape and Urban Planning, 2014, 121: 65-69.
④ 王绍增,象伟宁,刘之欣. 从生态智慧的视角探寻城市雨洪安全与利用的答案[J]. 生态学报,2016,36(16):4921-4925.
⑤ FU X, et al. Ecological Wisdom as Benchmark in Planning and Design[J]. Landscape and Urban Planning, 2016, 155:79-90.

的倡导者和引领人。绝大部分深层生态主义者都把奈斯的学说当作深层生态学的理论基础，其生态思想对西方的深层生态运动及生态哲学产生了极其重要的影响。1973 年，奈斯在其创办的国际性哲学期刊 *Inquiry*（《求索》）上公开发表了《浅层与深层的、长远的生态运动：一个纲要》一文。在这篇文章中，奈斯首次正式提出了"深层生态学"这一概念，之后奈斯在该论文的基础上对深层生态学理论进行了逐步完善。奈斯提出了"生态智慧 T"的名词，其中"T"表示的是"Tvergastein"。1938 年，26 岁的奈斯在哈灵山上建立起自己的小屋，并将小屋和附近地区命名为"Tvergastein"（大意为交错的石头）。奈斯一生中累积有12 年时间住在这里，他的一些富有创造性的作品都是在这里写成的。也是在这里，奈斯用心体验与周围世界的关系，他认识到即使是最微小的存在物都可以回应我们，至于如何回应则取决于我们如何对待和感应他们。在这里，奈斯形成了自己关于世界的探索精神和实验态度。因此，Tvergastein 对奈斯具有重要的意义，他将自己的理论体系命名为"生态智慧 T"（Ecosophy T）。奈斯"生态智慧 T"的核心内容包括了"生态智慧"的基本原则（自我实现原则和生态中心主义平等原则）、逻辑体系（围裙图、8 条原则性纲领）以及"生态智慧 T"的具体实践（包括生活主张、经济主张、科技主张等）[①]。在西方生态思想和环保运动的进程中，阿伦·奈斯的"生态智慧 T"具有深远的影响，由阿伦·奈斯开创的深层生态学后来成为生态哲学领域中的一个重要分支。

二、生态智慧的内涵与维度

从生态智慧的文本出处中，我们可以看到不同的学科对"生态智慧"一词有不同的认知。正是对其内涵理解存在差异才导致了不同的表达方式，诸如"生态思想""生态伦理""生态知识""生态哲学"等。笔者认为要正确理解"生态智慧"的概念、内涵和纬度，才能开展传统聚落生态智慧研究。

---

① 许玮. 阿伦·奈斯"生态智慧"及其对中国生态文明建设的启示[D]. 北京：北京林业大学，2011：31.

（一）基本内涵

从"生态智慧"的文本出处来看，我们认为"生态智慧"最早是由深层生态学创始人奈斯提出的关于人与世界整体同一的或者说人在世界中的一种生态价值观或生态世界观，奈斯将其称之为 Ecosophy。其中，sophy 来源于希腊语 sophia，即智慧，它与伦理、准则、规则及其实践相关。而现有中文文献中对"生态智慧"的英译多为"ecological wisdom"，这与奈斯所提出的"生态智慧"存在较大偏差，有广义、泛化的特征。象伟宁等曾经将"生态"（eco）和亚里士多德的"实践智慧"（phronesis）组合成具有"生态实践智慧"含义的"ecophronesis"，强调实践在生态智慧中的基础性地位，以区分阿尔·奈斯用 eco（生态）和 sophia（理论智慧）组成的"Ecosophy"（生态理论智慧）。这具有一定的开拓、创新意义[1]。这些研究也给笔者带来了一些启示，生态智慧的概念内涵实际上重点在于"智慧"一词。那么有必要对什么是智慧、智慧由哪些成分构成、智慧是否可以测量及如何衡量智慧、怎样获得智慧等核心问题开展深入研究。通过资料查找发现，在过去的 30 多年里，心理学家采用内隐理论和外显理论两种模式对智慧的概念与测量进行了大量的研究。其中内隐理论探索外行人头脑中的智慧概念与结构，关注认知、情感及反思等成分，采用自我报告的量表测量与智慧相关的人格特征。外显理论是心理学专家构建的智慧理论，关注专门知识和技能的实践应用，采用情境测验法评估与智慧相关的能力表现[2]。但两种模式下的智慧概念与测量研究在理论基础和测量方法方面还存在诸多的争议和挑战。而从本研究主题来看，"生态智慧"这一概念的提出意味着实现了从科学向智慧的转换。曾经有观点认为"生态智慧是研究生态平衡与生态和谐的一种哲学"[3]。但阿伦·奈斯把自

---

① XIANG W. Doing Real and Permanent Good in Landscape and Urban Planning: Ecological Wisdom for Urban Sustainability[J]. Landscape and Urban Planning, 2014,121: 65-69.

② 陈浩彬. 智慧概念与测量的现状与展望[J]. 赣南师范大学学报，2019（2）：118-123.

③ 黄炎平. 阿兰·奈斯论深层生态学的哲学基础[J]. 湘潭大学社会科学学报，2002，26（4）：43-46.

己的生态思想概括为"生态智慧"（Ecosophy）而不是"生态哲学"（Ecophilosophy），这是因为奈斯希望生态智慧并不像哲学那样具有某种严格的规定性，这样别人就不能很自然地产生自己的生态意识，哲学的体系性和逻辑严密的特性也决定了这个词不适用于一种发展中的理论和运动。"生态智慧"是研究生态平衡与生态和谐的一种哲学体现。作为一种智慧的哲学，它显然是规范性的，包含了标准、规则、推论、价值优先的说明以及关于我们宇宙的事物状态的假设。但同时，智慧是贤明和规定性的，而非仅仅是科学描述和预言[①]。基于上述认识，笔者认为生态智慧是人类在长期的实践过程中获得的人与自然关系成果的总称，是人类毕生发展的最高品质。

（二）主要维度

虽然目前生态智慧研究方面依然充满模糊性和挑战性，但笔者认为生态智慧至少应该包括两个维度：一是内容维度；二是尺度维度。

生态智慧的内容维度包括了生态知识、生态意识、生态观念和生态行动四个层面。有了这四个层面的框架，我们可以改变这样一种现状：现有文献中对传统聚落的诸多研究，虽然涉及了各民族的生态智慧，但缺乏对生态智慧的整体性梳理，导致对生态智慧历史价值的关照不够。

生态智慧的尺度维度包括了微观尺度、中观尺度和宏观尺度（图2-1）。其中，微观尺度的生态智慧主要由个体获得。在实际调查过程中，我们发现生态智慧并不是圣人或极少数人的独有之物或独有之技，生态智慧就体现在普通大众的日常生活当中，"人人皆可为尧舜"。中观尺度的生态智慧主要体现在社区群落，从这个角度来看，本研究的传统聚落生态智慧属于中观尺度研究范畴。宏观尺度的生态智慧更多的是全人类的生态智慧，如哲学与宗教领域常常充满了令人神往与高贵的"智慧"。

---

① 王秀红. 阿伦·奈斯深层生态学思想研究[D]. 武汉：湖北大学，2017：47.

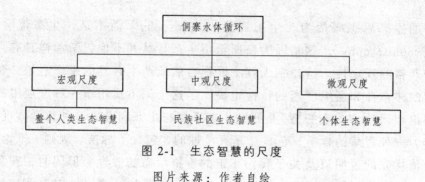

图 2-1　生态智慧的尺度

图片来源：作者自绘

三、生态智慧与相关概念辨析

在可查阅的文献中，"生态智慧"一词经常与"生态知识""生态伦理""生态思想""生态哲学""生态道德""生态文明"等词混为一谈，但从字面意思来看，"生态智慧"一词与上述几个词存在较大的差异。这里重点对生态知识、生态思想、生态哲学及生态文明几个词进行比较、辨析。

（一）生态智慧与生态知识

生态知识是人们正确认识人与自然环境关系的基础知识，内容广泛，如生态学基本概念、生态系统平衡及其与环境保护的关系、国家生态文明建设战略与布局知识、全球生态问题等。生态知识为深入研究和解决人类的环境问题提供了必要的理论依据。可以通过举办宣讲会、报告会、读书教育等活动和利用广播、电视、报刊、网络等媒体渠道，积极开展生态知识的普及工作，唤醒公众的环保意识、危机意识、节约意识等。但生态知识只是生态智慧的一部分内容，其与生态智慧的关系可以被看成部分与整体的关系，生态知识是生态智慧的基础。

（二）生态智慧与生态思想

个人认为，生态思想是比较接近生态智慧的一个概念，在某些情况下甚至可以通用。如在研究中国传统文化中的生态思想时，有的文献也称其为生态智慧。但生态思想两个重要的维度是生态观念和生态意识。生态智慧除此两维度，还包涵了生态伦理和生态行动等维度。如中国儒家生态智慧的核心是德性，尽心知性而知天，主张"天人合一"，其本质是"主客合一"，肯定人与自然界的统一。儒家的生态伦理，反映了它是一种对宽容和谐的理想社会的追求。用生态思想来描述，显然不能表现其主体素质和价值观。

（三）生态智慧与生态哲学

生态哲学是用生态系统的观点和方法研究人类社会与自然环境之间的相互关系及其普遍规律的科学，是对人类社会和自然界的相互作用所进行的社会哲学研究的综合。生态哲学以人与自然的关系为哲学基本问题，追求人与自然和谐发展的人类目标，因而为可持续发展提供理论支持，是可持续发展的哲学基础。人的道德问题在生态哲学中占有重要地位。因此可以看到，生态哲学强调的是学科属性，强调的是一种新的哲学范式。而生态智慧是指理解复杂多变的生态关系并在其中健康生存和发展下去的主体素质，生态智慧使生态哲学具有生存实践的价值。

（四）生态智慧与生态文明

生态文明是人类文明发展的一个新的阶段，即工业文明之后的文明形态。生态文明是人类遵循人、自然、社会和谐发展这一客观规律而取得的物质与精神成果的总和。生态文明是以人与自然、人与人、人与社会和谐共生、良性循环、全面发展、持续繁荣为基本宗旨的社会形态。从人与自然和谐的角度，吸收十八大成果，可对生态文明下如下定义：生态文明是人类为保护和建设美好生态环境而取得的物质成果、精神成果和制度成果的总和，是贯穿于经济建设、政治建设、文化建设、社会建设全过程和各方面的系统工程，反映了一个社会的文明进步状态。因此可以看到，生态文明强调的是社会发展阶段。作为当代人类文明，生态文明须形成对工业文明的整体超越。

四、生态智慧的内容与层级

通过上文的分析，我们认为生态智慧包涵了生态知识、生态意识、生态观念、生态伦理和生态实践等五个方面。传统聚落是历史时期人类活动和自然环境相互作用的结果，它们从不同侧面记录了当时社会的经济、政治、文化和民俗等信息，传统聚落中蕴含着丰富的生态智慧。

（一）生态知识：生态智慧的基础

知识是人类在实践中认识客观世界（包括人类自身）的成果，它包括人们对事实、信息的描述和在教育和实践中获得的技能。知识是人类从各个途径中获得的经过提升、总结与凝练的系统的认识。在哲学中，关于知识的研究叫作认识论，知识的获取涉及许多复杂的过程，如感觉、交流、推理。知识也可以被看成构成人类智慧的最根本的因素，知识具有一致性、公允性，判断真伪要遵循逻辑，而非立场[①]。因此可以理解，生态知识是人类在认识人与自然的实践过程中获得的成果，包括生态事实、对信息的描述和在教育和实践中获得的生态技能。生态知识是通往自然的钥匙，主要包括了动植物知识、地理环境知识、气象气候知识、生态系统知识等，内容广泛。生态知识是人们正确认识人与生态环境关系的基础，是生态智慧的构成基础。

（二）生态意识：生态智慧的前提

心理学认为意识是一个古老而又难解的谜。迄今为止，对于意识人们还没有找到一个令人满意的定义。心理学认为意识是人脑对大脑内外表象的觉察[②]。生态意识是一种反映人与自然和谐发展的新价值观，是人与对自然的关系以及对这种关系变化的深刻反思和理性升华，是产生生态智慧的前提。生态意识作为一种意识形态，可能具有一定的局限性，如传统文化中道家虽然肯定自然界是一个有机整体，肯定

---

① 米歇尔·福柯. 学术前沿：疯癫与文明[M]. 4 版. 刘北成，杨远婴，译. 北京：生活·读书·新知三联书店，2012：28.
② 彭聃龄. 普通心理学[M]. 北京：北京师范大学出版社，2003：170.

人与自然万物均是自然造化的产物，肯定自然界本身具有自我协调的能力和智慧，但对自然造化产生生命的内在机制的理解，则停留在阴阳、五行的笼统把握上，缺乏具体的、科学的认识，如我国传统文化中形成的"尊重自然"的资源保护意识、"敬畏自然"的科学技术意识、"倡导俭朴"的生态消费意识和"关怀生命"的生态平等意识等。

（三）生态观念：生态智慧的本质

思想所表达出的主体的意识形态是为观念，观念是意识形态的表达。所谓观念是人们对事物的主观与客观认识的系统化集合体。人们会根据自身形成的观念进行各种活动，利用观念体系对事物进行决策、计划、实践和总结等，从而不断丰富生活和提高生产实践水平。观念具有主观性、实践性、历史性、发展性等特点。形成正确和清晰的观念（观念可视，能用文字清晰表达）有利于做正确的事情，提高生活水平和生产质量。生态观念是生态意识的表达，是生态智慧的本质。观念常以观点表达，如传统文化中的生态观念有"德及禽兽""泽及草木""川竭国亡"的生命关怀，"民恩及于土"的生态意识和"以时""节用"的生态实践（行为规范）。

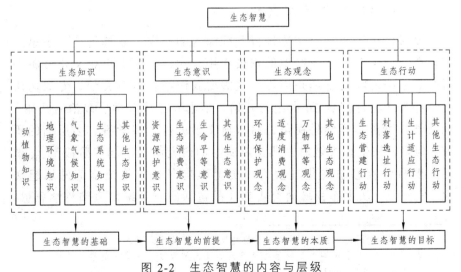

图 2-2 生态智慧的内容与层级

图片来源：作者自绘

（四）生态行动：生态智慧的目标

生态实践是人们在一定的生态意识、观念、情感的支配下，在生产生活实践中的现实表现，是生态知识、生态意识、生态观念得以体现的重要渠道，也是生态智慧的终极目标体现。如《尚书·禹贡》之"任土"就是通过辨识土质和地力肥沃程度进行生态区划，把资源优势转化为生态生产优势。这是古人生态智慧的体现。

五、生态智慧的研究方法

生态智慧概念的提出意味着实现了从科学向智慧的转变，同时生态智慧并非仅仅是科学描述和预言[①]。那么生态智慧的研究方法是什么？高小和先生对西部村落生态智慧研究的主要内涵给出了方向性建议，具有借鉴意义[②]。笔者在对武陵山片区传统聚落生态智慧进行调查的过程中，认为"吸收传统生态思想—选择研究对象—划分村落类型—调查智慧元素—展示现代价值"这一逻辑框架体系具有普适性操作意义。这里重点对这一逻辑框架做简要介绍。

（一）选择吸收传统文化

要对传统生态思想文化进行系统深入的研究，发挥传统生态思想文化在当前生态智慧研究中的积极作用，对传统生态思想文化资源进行全面系统的收集整理是前提。这需要我们结合古典文献、专家访谈等多种方式进行。从 20 世纪初开始，学术界已从哲学、政治、法律、社会学、民俗学等学科视角，对古典文献进行了多学科、多层面的研究。但是，从生态视域对古典文献所做的研究尚处于起步阶段[③]。学术界一般将传统思想文化理解为历史上影响深远的传统儒道佛思想文化。实际上，从生态视域研究古典文献包括研究传统儒道佛哲学思想、

① 王秀红. 阿伦·奈斯深层生态学思想研究[D]. 武汉：湖北大学，2017：47.
② 高小和. 关于中国西部村落生态智慧的理性阐释[J]. 曲靖师范学院学报，2009，28（5）：1-5.
③ 陈红兵，杨晓春. 传统生态思想文化的局限及其当代转型[J]. 思想战线，2019，45（2）：165-173.

传统社会政治法律思想及制度、传统民俗文化以及古典游记作品中的生态思想①等四个层面。

（二）科学选择研究对象

笔者选择了武陵山片区内的传统聚落为研究对象。在漫长历史过程中，该区域形成了以土家族、苗族、侗族、仡佬族文化为特色的多民族地域性文化，民族村寨遍布各地，民俗风情浓郁，民间工艺和非物质文化遗产十分丰富。片区民族融合和文化开放程度高，内外交流不存在语言文化障碍。在诸多传统聚落中，侗族村寨保存较为完整，在人与自然和谐相处和持续发展方面最具代表性。据第六次人口普查统计，全国侗族总人口数为 288 万，其中贵州 140 万，湖南 85 万，广西 29 万，主要聚居在武陵山片区湘黔桂三省区交界区域，约占全国侗族总人口的 88.2%。这里的侗族聚居区内有着古老的村寨、神奇的鼓楼、独特的风俗等，适合开展传统聚落生态智慧研究，围绕村落生态智慧研究目标进行广泛深入的田野调查。通过长期体验、感知和领悟，充分了解其崇尚自然、合理开发、和谐相容、共同繁荣的种种生活与生产细节，从中采集、归纳其村落生态智慧中的丰富内涵。

目前对传统村落空间结构的测度还未有权威和足够有说服力的指标，这里可借鉴已有的旅游资源群空间结构的测度指标来衡量传统村落的空间分布。主要测度指标有聚集度指数、优越度指数和规模度指数②。

聚集度指数反映了传统村落个体空间分布聚集程度，是传统村落单体关联度程度大小的重要体现，也是衡量村落单体在空间上纵向排列所产生屏蔽效应大小程度的重要指标。区域内传统村落聚集度指数可以用最邻近点指数③来计算：

$$R_i = 2\sqrt{n/A} \cdot \bar{R}$$

① 刘於清. 中国古代游记中的环境伦理思想研究 [D]. 吉首：吉首大学，2016.

② 席建超，葛全胜，成升魁，等. 旅游资源群：概念特征、空间结构、开发潜力研究——以全国汉地佛教寺院旅游资源为例 [J]. 资源科学，2004，26（1）：91-99.

③ 国家旅游局资源开发司，中国科学院地理所. 中国旅游资源普查规范（试行稿）[M]. 北京：中国旅游出版社，1993：4-8.

式中 R_i 为村落聚集度指数，n 为村落的数量，A 为区域面积，$\bar{R}$ 为最邻近点之间的距离的平均值。R_i 越小，说明区域内分布的村落越集中。

（三）合理划分村落类型

当研究区域内传统聚落数量较多时，我们需要对传统聚落进行分类分层研究，因此，合理划分村落类型较为重要，划分的重要依据是村落生态智慧的发掘要符合生态发展演进的自身规律并具有前瞻性的人类学价值。如高小和按照以下标准将中国西部村落划分为三种基本类型：自然资源富集、保存完好并一直保障村民群体持续发展者为"原生态村落"；自然资源较好，虽有明显退化却依然是乡村发展主要支柱者为"半原生态村落"；自然条件退化严重，现有资源或为新开发的不可再生资源、或现有可再生资源为人工再造成果者为"非原生态村落"①。这种分类方法主要根据村落的生态功能持续发展状态和程度来划分，便于对所收集的资料进行分类归纳与研究整合，为各种类型村落的持续发展提供适宜的参照体系。根据笔者对武陵山片区诸多传统聚落的实地调查和初步领悟，将研究对象分为"原生态""半原生态""非原生态"三种类型的优点是有利于充分探求生态智慧人类学价值，但最大的缺点是分类标准主观性太强，在实践操作中难度较大。因此笔者采用了"划分村落类型"这一思想，但对分类依据进行了调整，主要按照村落的自然环境、流域特点、城镇职能、地形地貌等要素对武陵山片区村落进行了分类研究。笔者认为这种分类既切合研究对象的实际情况，又有利于考察村落的生态智慧内容（如生计智慧、营建智慧等），同时在村落分类的基础上进行了村落分区方案的设计。

（四）系统搜集智慧元素

针对调查对象（特定村落），从生态知识、生态意识、生态观念、生态行动等生态智慧的四个要素维度系统对其生物资源、土地资源、水资源、人力资源、其他生产要素资源的利用状况和村落族群的资源观念、民间习惯法则、教育传习中的生态观念、生态伦理以及现实生

---

① 高小和. 关于中国西部村落生态智慧的理性阐释[J]. 曲靖师范学院学报，2009，28（5）：1-5.

产发展的价值取向等方面，分门别类搜集材料和数据，系统挖掘其生态智慧的丰富内涵，这需要我们结合古典文献、民间专家访谈、实地调查等多种方式。民间专家访谈是我们搜集传统生产生活方式、传统生态民俗资料的重要来源。民俗较少通过可见的文献资料形式流传，而往往通过现实生活中的口传身教、生活范型、功能模拟等方式传承。相关民俗专家则是民俗传承的重要主体。因此，民间专家访谈在搜集传统生态生产生活方式、生态民俗资料方面显得尤为重要①。通过多种方式进行调查，我们从中了解了乡村治理结构中所蕴含的传统精神元素，总结了这些元素对村落族群生产生活的深刻影响，探索了生态智慧和乡村治理结构的互动关系，为其建立相关的数学模型，确保了研究工作的顺利开展和研究成果应有的科学价值②。

（五）充分展示现代价值

传统聚落生态思想文化的转型，本质上即适应当前现实需要，对传统生态思想文化进行拣选，克服其局限，吸收其中合理要素，发挥传统生态思想文化在当前生态文明建设中的作用。从严格意义上说，生态思想文化是针对当代生态环境问题反思而形成的后现代话语。相对而言传统聚落较少面临日益严重的生态环境问题，传统聚落文化中并没有当代意义上的生态思想文化，我们今天研究传统聚落思想文化，是从批判反思现代生态环境问题的角度，从传统聚落文化中寻找生态思想文化资源。因此，研究传统聚落思想文化，应注意从当代科学视角进行阐释和研究，用人与自然和谐相处、友好发展的民间经验和智慧，丰富"生态文明"的科学内涵，拓宽人类学、社会学和民族学的传统界限，既厘清其同传统文化密切联系的精神脉络，又彰显其胸怀未来、包容天下的现代价值取向，突出本研究成果的社会推广价值，为幅员辽阔、民族众多、区域差异较大、环境类型复杂的中国各地，提供丰富多彩的乡村治理经验和应用模式。

---

① 陈红兵，杨晓春. 传统生态思想文化的局限及其当代转型[J]. 思想战线，2019，45（2）：165-173.
② 高小和. 关于中国西部村落生态智慧的理性阐释[J]. 曲靖师范学院学报，2009，28（5）：1-5.

第三章 传统聚落生态智慧的研究设计

　　我国各民族民间生态智慧是中华文化宝库中的精华，深入挖掘民间生态智慧的丰富内涵是研究者的神圣职责。以传统聚落为单元的生态智慧具有较为完整的生存、生活、生产、生计生态智慧体系，是构成人类文明史的鲜活标本。在现代技术和城镇化运动的冲击下，这种活的原生态标本在经济欠发达的中西部地区还保留得相对完整，我们应当像"抢救非物质文化遗产"和"保护生物资源多样性"①那样，对中西部地区的传统聚落进行深入研究和有效保护。本章拟对研究团队在武陵山片区开展传统聚落生态智慧研究的调查工作进行介绍。

一、研究对象界定

（一）传统聚落与古村落

　　大家都认同传统聚落是历史时期人类活动和自然环境相互作用的结果，它们从不同侧面记录了当时社会经济、政治、文化、民俗等信息。但是当前学界对传统聚落的定义和界定尚未形成统一的认定标准，多以研究对象为准来界定传统聚落。我们在实地调查的过程中，民众和地方领导更多地使用"古村落"一词代替了我们课题研究的"传统聚落"，其实际上与我们指认的"古村落"和我们所研究的"传统聚落"内涵基本是一致的。因此在本研究中，我们也同时使用了"古村落"这一词，虽然在学术概念上有所区别，但将理论语言转化为通俗话语，用更亲切、更鲜活、更接地气的语言来传播科学理论显得更为重要。

---

① 高小和. 关于中国西部村落生态智慧的理性阐释[J]. 曲靖师范学院学报，2009，28（5）：1-5.

（二）研究对象内涵界定

朱晓明认为古村落（传统聚落）是指民国以前建村，保留了较长的历史沿革，即建筑环境、建筑风貌、村落选址未有大的变动，具有独特民俗民风，虽经历久远年代，至今仍为人们服务的村落[1]。刘沛林认为传统村落是人类聚集、生产、生活和繁衍的最初形式，处于演进发展之中，但其村落环境、建筑、历史文脉、传统氛围均保存较好[2]。方志远、冯淑华认为传统村落的含义应该从历史文化性和乡村景观性两方面来考虑[3]。此外，中国古村落保护和发展委员会、广东省民协等对古村落定义都做了分析和研究。从以上对古村落的代表性定义中可以看出，虽然表述的内容不一样，但其基本要素与我们所研究的传统聚落是一致的。借鉴以上定义，从生态智慧的角度调查古村落时，需要对研究对象从以下几个要素进行考虑：一是时间性。既为"古"村落，在其"古"上必然有所体现，但究竟保存多少年才为"古"？现行的说法很不一致，有的认为从民国开始[4]，有的建议以 1840 年为界[5]。本研究认为硬性规定一个具体的年份是不可取的，如湘西地区的一些少数民族村寨虽然历史不足 100 年，但其蕴涵的生态思想价值很高，因此需要结合其他要素综合判断。二是遗存性。"古村落"应该与现代村落和建筑有较大的差异性，必须有历史遗存，包括物质的文化遗存和非物质的文化遗存，前者表现为村落形态、建筑结构、宗祠寺庙等，后者体现在生活习惯、生产技艺、节日节庆、伦理道德等中。三是完整性。古村落以山、河为自然屏障，并与现代村落隔开，文化遗存保持完整，较少受到现代生活的影响[6]。基于以上分析，本研究认为传统聚落（或古村落）是一种相对于现代社会的历史遗存，存在于一定的

---

① 朱晓明. 试论古村落的评价标准[J]. 古建园林技术，2001（4）：53-55.
② 刘沛林. 古村落：和谐的人聚空间[M]. 上海：上海三联书店，1997：23-25.
③ 方志远，冯淑华. 江西古村落的空间分析及旅游开发比较[J]. 江西社会科学，2004（8）：220-223.
④ 朱晓明. 试论古村落的评价标准[J]. 古建园林技术，2001（4）：53-55.
⑤ 张智启. 古村落的认定研究[D]. 天津：天津大学，2009：5-12.
⑥ 方磊，王文明. 大湘西古村落分类与分区研究[J]. 怀化学院学报，2013（1）：1-4.

地域范围内，以村落形态、民居建筑等有形资源为物质载体，承载着独特的地域文化和历史文化，至今保存比较完整的居民聚集地，包括通常所说的古城、古镇和古村。

二、调查区域选择

（一）武陵山片区区域范围

根据国务院扶贫开发领导小组办公室和国家发展和改革委员会于 2012 年联合编制的《武陵山片区区域发展与扶贫攻坚规划》[①]中对武陵山片区范围的界定，武陵山片区包括湖南、湖北、重庆、贵州四省市交界地区的 71 个县（市、区）。其中，湖南 37 个县市区（包括怀化市，张家界市，湘西土家族苗族自治州及邵阳市新邵县、邵阳县、隆回县、洞口县、绥宁县、新宁县、城步苗族自治县、武冈市，常德市石门县，益阳市安化县，娄底市新化县、涟源市、冷水江市等），湖北 11 个县市（包括恩施土家族苗族自治州及宜昌市秭归县、长阳土家族自治县、五峰土家族自治县等）、重庆市 7 个县区（包括黔江区、酉阳土家族苗族自治县、秀山土家族苗族自治县、彭水苗族土家族自治县、武隆区、石柱土家族自治县、丰都县等），贵州 16 个县市（包括铜仁市及遵义市正安县、道真仡佬族苗族自治县、务川仡佬族苗族自治县、凤冈县、湄潭县、余庆县等）（表 3-1）。该区域国土总面积为 17.18 万千米^2。据第六次全国人口普查数据，2010 年该区域总人口 3645 万人，其中城镇人口 853 万人，乡村人口 2792 万人，城镇化率 23.4%。境内有土家族、苗族、侗族、瑶族、白族、回族、仡佬族等少数民族，少数民族人口占总人口数的 37.2%[②]。2018 年片区人均地区生产总值和农民人均纯收入分别为全国平均水平的 31.4% 和 58.7%，城镇化率比全国平均水平约低 20 个百分点，区域经济发展水平明显低于全国平均水平，是全国 18 个重点扶持的集中连片特困区之一。

[①] 国务院扶贫开发领导小组办公室，国家发展和改革委员.武陵山片区区域发展与扶贫攻坚规划（2011—2020 年）[R]. 2011.

[②] 国家民委网 http://www.seac.gov.cn/

表 3-1　武陵山片区区域范围

省（市）	市（州）	县（市、区）
湖北省（11 个）	宜昌市	秭归县、长阳土家族自治县、五峰土家族自治县
	恩施土家族苗族自治州	恩施市、利川市、建始县、巴东县、宣恩县、咸丰县、来凤县、鹤峰县
湖南省（37 个）	邵阳市	新邵县、邵阳县、隆回县、洞口县、绥宁县、新宁县、城步苗族自治县、武冈市
	常德市	石门县
	张家界市	慈利县、桑植县、武陵源区、永定区
	益阳市	安化县
	怀化市	中方县、沅陵县、辰溪县、溆浦县、会同县、麻阳苗族自治县、新晃侗族自治县、芷江侗族自治县、靖州苗族侗族自治县、通道侗族自治县、鹤城区、洪江市
	娄底市	新化县、涟源市、冷水江市
	湘西土家族苗族自治州	泸溪县、凤凰县、保靖县、古丈县、永顺县、龙山县、花垣县、吉首市
重庆市（7 个）		丰都县、石柱土家族自治县、秀山土家族苗族自治县、酉阳土家族苗族自治县、彭水苗族土家族自治县、黔江区、武隆区
贵州省（16 个）	遵义市	正安县、道真仡佬族苗族自治县、务川仡佬族苗族自治县、凤冈县、湄潭县、余庆县
	铜仁市	铜仁市、江口县、玉屏侗族自治县、石阡县、思南县、印江土家族苗族自治县、德江县、沿河土家族自治县、松桃苗族自治县、万山区

资料来源：国务院扶贫办、国家发改委《武陵山片区区域发展与扶贫攻坚规划（2011—2020 年）》

（二）武陵山片区总体特征

从生态智慧形成的自然环境、经济社会和地域文化来看，调查区域具有以下几个方面的总体特征：

第一，自然环境的过渡性。独特的地形条件使得武陵山片区的自然地理环境具有较强的过渡性特点，主要表现在以下几个方面：一是地貌上的过渡性。从宏观层次上看，武陵山片区位于中国第二阶梯和第三阶梯的分界线上，处于西南山地和洞庭湖平原的交界地带。片区内山水组合良好，地域差异和垂直分异明显，生态资源丰富，为片区生态智慧的传承和发展提供了良好的山水背景。二是气候上的过渡性。片区属亚热带向暖温带过渡的气候类型，同时，独特的山地条件赋予了片区极为独特的局地气候。片区内光热资源丰富，雨量充沛，且雨热同步，对农作物生长有利，片区内生物物种多样，素有"华中动植物基因库"之称，为生态智慧的发展提供了极为有利的条件。三是地理区位上的过渡性。从片区所处的地理位置来看，片区处于中部经济带向西部经济带的过渡地带，也是成渝经济圈和长株潭经济圈的交界地带，这为生态智慧的多样性提供了较好的地缘条件。

第二，经济社会的封闭性。武陵山片区四面环山，交通落后，信息闭塞，片区经济具有较强的封闭性，经济、社会发展水平较低，片区 71 个县（市、区）中有 42 个属于国家扶贫开发工作重点县，13 个为省级重点县，片区人均地区生产总值明显低于全国及周边地区的平均水平。城镇化率比全国平均水平低约 20 个百分点，科技对经济增长的贡献率低。区域内传统聚落受外界影响较小，相对完整地保留了生态智慧体系并得以在当代传承下来。

第三，地域文化的原生态性。武陵山片区是以土家族、苗族、侗族、白族等为主的少数民族聚居区，独特的地理、气候环境孕育了一体多元、古朴神秘、灿烂优美的地域文化，是楚文化、蜀文化、陕晋文化、徽商文化与黔贵文化厚重的历史"沉积带"。在漫长历史中，此地形成了以土家族、苗族、侗族、仡佬族文化为特色的多民族地域性文化，如湘西地区的"赶尸、蛊毒、辰州符"三大古谜、土家族阳戏、黔江南溪号子、秀山花灯、土家山歌、恩施跳丧舞、侗族拦门酒、苗族三月三等少数民族传统文化，古老而神秘，片区民俗风情浓郁，民间工艺和非物质文化遗产十分丰富，地域文化的原生态特点突出。

（三）区域内部差异分析

在区域经济内部差异研究中，分析单元的选取至关重要，因为单元划分得越细，区域不平衡度量越接近实际。我们从实际情况出发，以县（市、区）为分析单元。为了便于进行横向比较，分析数据主要来源于《中国区域经济统计年鉴》，黔江区、鹤城区、永定区、武陵源区 4 地的数据来源于各地的国民经济和社会发展统计公报资料。在综合评价中，评价指标的选取应遵循全面、客观、易获取的原则，借鉴现有的研究成果①②③，参考"中国县域经济基本竞争力评价"的指标体系。经过指标遴选比较，本研究设计的评价指标体系共 4 层，即目标层 A、Ⅰ级指标层 B（包括区域内各单元的总量指标、均量指标和增量指标 3 项内容）、Ⅱ级指标层 C（选取了区域内各组成单元的消费总量、产出总量、经济发展均量、居民收入均量、经济增长速度、居民收入增长速度共 6 项指标）、Ⅲ级指标层 D（选取了 12 项统计指标），构建了评价指标体系及层次结构（见表 3-2）。

表 3-2　武陵山片区区域经济梯度评价指标体系及权重

Ⅰ级指标	Ⅱ级指标	Ⅲ级指标	权重
B₁ 总量 指标	C₁ 消费总量	D₁ 全社会固定资产投资	0.0796
		D₂ 社会消费品零售总额	0.0656
	C₂ 产出总量	D₃ 地区生产总值	0.0876
		D₄ 地方财政收入	0.0665
B₂ 均量 指标	C₃ 经济发展均量	D₅ 人均地区生产总值	0.0888
		D₆ 人均地方财政收入	0.0667
	C₄ 居民收入均量	D₇ 农民人均纯收入	0.0928
		D₈ 城镇居民人均可以支配收入	0.0785
B₃ 增量 指标	C₅ 经济增长速度	D₉ 地区生产总值增速	0.1047
		D₁₀ 地方财政收入增速	0.0856
	C₆ 居民收入增速	D₁₁ 农民人均纯收入增速	0.1145
		D₁₂ 社会消费品零售总额增速	0.0692

资料来源：参考"中国县域经济基本竞争力评价"指标设置，具体指标有增删

由于各指标的原始数据存在不同的量纲和数量级，因此在进行综

---

① 何海兵. 大湘西县域经济综合实力空间特征分析[J]. 乐山师范学院学报，2008，23（10）：119-122.

② 常春光，贾兆楠. 县域经济评价理论创新与体系构建[J]. 科技进步与对策，2011，28（13）：94-97.

③ 向东进，谢名义. 县域经济发展综合评价方法及其应用[J]. 统计与决策，2010（4）：65-67.

合评价之前，首先对原始数据进行标准化处理。为了使处理以后的各项指标值在 1 到 10 之间，这里为方便比较，采用极差标准化方法，计算方法如下：

$$x_{ij} = \frac{x_{ij} - \min_i\{x_{ij}\}}{\max_i\{x_{ij}\} - \min_i\{x_{ij}\}} \quad (i = 1, 2, \cdots, 11; j = 1, 2, \cdots, 18)$$

（式 3-1）

同时考虑到上述指标体系中各因子在评价时所处的地位并不完全相同，因此接下来需要确定各因子的权重，这里采用广泛运用的 AHP 方法来确定Ⅲ级指标层各指标的权重，经过两两比较，计算后得到各指标的权重（见表 3-2）。

最后进行加权求和综合计分。计算方法如下：

$$y_i = \sum_{j=1}^{n} w_j x_{ij} \times 100 \quad (i = 1, 2, \cdots, 71; j = 1, 2, \cdots, 12)$$

（式 3-2）

其中 y_i 为第 i 个县（市、区）的得分，其得分的高低表示该单元在区域中的综合地位。i 为评价的县（市、区）个数，$i = 1, 2, \cdots, n$（$n=71$）；j 为评价的因子，$j = 1, 2, \cdots, 12$。利用 EXCEL 软件对 12 项统计指标进行标准化处理，将处理结果分别赋以权重代入式 3-2 中，最后得到 71 个县（市、区）的加权合成值，即为武陵山片区各单元的经济发展现状（见表 3-3）。

表 3-3　武陵山片区各单元经济发展现状综合评价值

序号	县区	得分	序号	县区	得分	序号	县区	得分	序号	县区	得分
1	鹤城区	15.87	9	石门县	12.98	17	秀山县	9.93	25	秭归县	8.84
2	永定区	14.44	10	邵阳县	12.87	18	溆浦县	9.79	26	利川市	8.76
3	黔江区	14.40	11	武陵源	12.76	19	安化县	9.54	27	隆回县	8.72
4	恩施市	14.13	12	沅陵县	12.69	20	慈利县	9.52	28	洪江市	8.63
5	冷水江	14.12	13	武冈市	11.67	21	中方县	9.50	29	长阳县	8.56
6	铜仁市	14.10	14	新化县	11.27	22	石柱县	8.93	30	新邵县	8.41
7	吉首市	14.08	15	武隆区	10.16	23	洞口县	8.92	31	辰溪县	8.28
8	涟源市	13.07	16	丰都县	9.96	24	花垣县	8.88	32	彭水县	8.28

续表

序号	县区	得分	序号	县区	得分	序号	县区	得分	序号	县区	得分
33	巴东县	8.17	43	鹤峰县	6.50	53	来凤县	5.77	63	凤冈县	4.90
34	酉阳县	8.07	44	靖州县	6.45	54	会同县	5.75	64	江口县	4.89
35	玉屏县	7.79	45	泸溪县	6.27	55	万山区	5.71	65	务川县	4.84
36	芷江县	7.73	46	桑植县	6.22	56	保靖县	5.53	66	城步县	4.78
37	余庆县	7.36	47	沿河县	6.15	57	麻阳县	5.37	67	新晃县	4.69
38	建始县	7.09	48	思南县	6.12	58	德江县	5.35	68	石阡县	4.56
39	新宁县	7.02	49	咸丰县	6.11	59	永顺县	5.35	69	道真县	4.54
40	绥宁县	6.86	50	松桃县	5.97	60	宣恩县	5.26	70	通道县	4.31
41	凤凰县	6.81	51	龙山县	5.90	61	印江县	5.11	71	古丈县	3.75
42	湄潭县	6.61	52	五峰县	5.79	62	正安县	4.94			

数据来源：综合评价计算所得

　　为了更直观地表达武陵山片区经济单元的梯度差异，把表 3-2 中的数据导入，采用 Arc View GIS 3.2 软件中自然断点（Natural Breaks）分类方法，按照得分高低分为发达区、较发达区和欠发到区 3 类区域（见表 3-4）。

表 3-4　武陵山片区经济梯度分类

类型	分类标准	区域单元
发达区 （15 个）	10.16-15.87	鹤城区、永定区、黔江区、恩施市、冷水江市、吉首市、涟源市、石门县、邵阳县、武陵源、沅陵县、武冈市、新化县、武隆区
较发达区 （23 个）	7.09-10.16	溆浦县、安化县、慈利县、中方县、石柱县、洞口县、花垣县、秭归县、利川市、隆回县、洪江市、长阳县、新邵县、辰溪县、彭水县、巴东县、西阳县、玉屏县、芷江县、丰都县、秀山县、余庆县、建始县
欠发达区 （33 个）	0-7.09	新宁县、绥宁县、凤凰县、湄潭县、鹤峰县、靖州县、泸溪县、桑植县、沿河县、思南县、咸丰县、松桃县、龙山县、五峰县、来凤县、会同县、万山区、保靖县、麻阳县、德江县、永顺县、宣恩县、印江县、正安县、凤冈县、江口县、务川县、城步县、新晃县、石阡县、道真县、通道县、古丈县

数据来源：综合评价分类所得

从表 3-4 中可以看出，怀化市（鹤城区）、张家界市（永定区）、恩施、冷水江、铜仁等地综合评价值在 14 以上，而通道、古丈等地在 4 左右，高低差距悬殊。区域内各单元平均值为 8.2，标准差为 3.11，各单元经济发展水平存在较大差距。

（四）重点调查的区域范围

由于国家层面的武陵山片区范围较大，行政区划单位较多，区内经济差异较大，传统聚落内部分布不均。据中国古村落保护与发展委员会统计，我国现有 1.78 万个建制镇和 2.93 万个乡，其中有百年以上历史的传统聚落约有 500 多个，主要集聚分布在华北、西北、西南、江南、古徽州、岭南、湘黔 7 地[①]。其中尤以湘黔传统聚落为最，中国第二届、第三届"三古"（古城、古镇、古村落）论坛都在湖南怀化举办。这里传统聚落群规模之大，保存之完好，形态之丰富，密集度之高，组合之完美，文化形态差异之大，被与会专家誉为"中国第一古城古镇古村群落"[②]。因此在第一轮调查过程中，我们根据所收集的资料和实地调查的初步结果，选取湘黔桂交界的"五溪"流域为重点调查范围，行政区域主要包括湖南省怀化市，湘西土家族苗族自治州、张家界市和贵州省的黔东南苗族侗族自治州、黔南布依族苗族自治州、铜仁市等 6 个市级行政区域约 30 多个县级行政单位，覆盖了国家层面武陵山片区约 70% 的范围。

该区域内主要为土家、苗、侗民族聚居区，传统聚落的分布以五条河流为轴线，也称为"五溪流域"，呈现沿河沿溪、近水集中分布态势。"五溪"是历史上对湘、黔、川、渝、鄂 5 省（市）边境地区一个特定地理单元的称谓。其得名于古武陵郡内沅水中上游的五条河流。据考究，"五溪"一词最早出现在北魏郦道元所著《水经注》中，"武陵有五溪，谓雄溪、满溪、潕溪、酉溪、辰溪"，五溪流域的范围自然就是这五条河流的集水区。但郦道元当时仅指出了五溪的名称，却未道明五溪的方位和水情要素，以至于后来历代文献对"五溪"的确指

① 中国古村落网. 学术研讨[EB/OL]. http://www.gucunluo.net/
② 罗哲文. 怀化印象：中国第一的古城古镇古村群落[EB/OL].（2008-10-23）. 新浪旅游网. http://travel.sina.com.cn/china/2008-10-23/113531713.shtml.

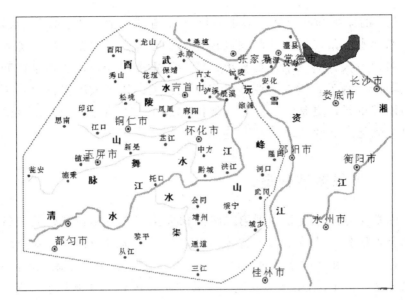

图 3-1　重点调查的区域范围示意图

资料来源：作者自绘

多有争议。宋以来基本沿用了《水经注》的说法，至明成化（1465—1487）年间，沈瓒《五溪蛮图志》认为五溪为"熊溪、明溪、酉溪、武溪、辰溪"[①]。清道光三年（1823），徐会云等所修《辰溪县志》中载："从酉达于沅者则古之满溪，今讹为明溪者也，源于永顺土司贺虎山，与雄、溆、辰、酉合为五溪。"怀化本土专家阳国胜先生考究史料后认为其包括西溪（酉水）、辰溪（锦江）、潕溪（舞水）、雄溪（巫水）、清溪（清水江）。沅江托口以上也称为清水江，为沅江上游，比降较大，峡谷曲窄。从托口到沅陵比降和缓，峡谷与小盆地相间。从沅水中上游主要支流来看，可能属于《水经注》中"五溪"的有七条河流，即西溪、辰溪（又名锦江，辰溪处于沅水交汇）、巫水（古称雄溪，流经巫州）、舞水（疑为古潕溪，黔城处与沅水交汇）、渠水（古称朗溪，托口处与沅水交汇）、清水江（古称满溪，也称五溪之首，托口处与沅水交汇）、溆水（犁头嘴位置与沅水交汇）。按照水文学"水量最丰""唯

---

① 沈瓒. 五溪蛮图志[M]. 伍新福, 校. 长沙: 岳麓书社, 2012: 211-156.

源最长"的原则和湘西地区的水系特点①，五溪为清水江、渠水、辰溪、舞水和酉水五条河流，其范围以怀化为中心地带，包括湘黔渝鄂等省市的周边地区，共三十几个县市，是中国重要的少数民族集聚区和生态脆弱区。由于其历史渊源和民俗文化相近，该区域不仅仅是一个特定的地理单元，更是一个文化沉淀区，散布于五溪流域的传统聚落的历史文化是最好的见证。

三、传统聚落分类

湘黔交界区域地处中国第二级阶梯向第三级阶梯过渡带的东缘，大部分地区处于武陵山脉和雪峰山脉之间，沅水自南向北贯穿全境流入洞庭湖，在沅江的中上游，酉水、辰水（上游称锦江）、溆水、巫水、舞水（又称潕水）、渠水等支流呈树枝状汇入沅江，其地势东、南、西三面环山，仅北面以洞庭湖及洞庭湖平原为豁口，向长江敞开，形成相对封闭的自然地理环境，经济在贵州、湖南两省均处于末位，农村的城市化进程远落后于沿海地区及贵州、长沙等省会城市，许多传统聚落得以较完整地保存下来，数量较多，分布较广。在实地调查的基础上，我们将传统聚落划分为以下几种类型。

（一）按流域分类

沅江发源于贵州省都匀市西斗篷山狗鱼洞，以河源到洪江市托口古镇的清水江为上游，流经海拔千米以上的贵州高原，群山密布，峡谷曲窄。从托口古镇到沅陵县界首村段比较和缓，为中游低山丘陵地区。界首村至沅江市的西洞庭湖入口处为下游，多丘陵河谷平原。沅水中上游有酉水、锦江（辰溪）、巫水、舞水、渠水、溆水等支流汇入沅江。从数量上看，主要密集分布在中上游地区，沿河流向心分布，保存有较完整的传统聚落体系（见表3-5）。

---

① 湖南省教育厅. 湖南省地理[M]. 长沙：湖南人民出版社[M]. 1955：18-22.

表 3-5　湘黔交界处传统聚落按流域分类

流域	传统聚落	主要特点
酉水	里耶古镇、洗车古镇、隆头镇、老司古城、王村、塔卧镇、列夕镇、茶峒（边城）、夯沙、葫芦镇、乾州、凤凰、矮寨、德夯、黄丝桥古城、舒家塘、拉毫营盘寨、黄茅坪村、都罗寨、黄罗寨村、麻冲村、老洞村、洞脚村、骆驼山村、浦市镇	张家界、武陵源、天门山、金鞭溪、茅岩河、猛洞河、坐龙峡、红石林、小溪等景点，土家山寨与苗寨较多，民族文化氛围浓郁
辰水	锦和古镇、江口镇、高村、五保田村、龚家湾村、船溪驿村、辰阳古城、豪侠坪、黄坳村、漫水村	上游贵州境内有江口古镇、铜仁古镇、寨英古镇等，自然景观有梵净山
舞水	黔阳古城、荆坪、龙溪口、埂上古村、洒溪古村、罗翁古村、禾梨坪古村、官溪口古村、渔塘溪古村、水源山古村、烟溪古村、茶溪古村、江坪古村、黄溪古村、天井侗寨、八江侗寨	号称南方的茶马丝绸之路，上游有镇远古镇、玉屏古城
巫水	洪江古商城、高椅古村、安江古镇	上游的有南山牧场、崀山等，生态环境极好
渠水	托口古镇、渠阳古镇（靖州古镇）、皇都侗寨、芋头古寨、坪坦侗寨、地笋苗寨	以南侗民族风情为特色
溆水	犁头嘴古镇、龙潭古镇、阳雀坡、乌村、山背瑶寨	以屈原文化资源为主

资料来源：课题组实地调查结果统计所得

表 3-5 中的传统聚落大多沿河流而建，究其原因，是由于湘黔交界区域古代没有铁路和公路运输，大规模的货物运输主要靠河运，因此河流和码头就成为交通运输与信息交流的通道线路与节点，商埠、城镇应运而生。此类传统聚落发展为城镇者为数较多，典型的如凤凰古城、里耶古镇、王村、茶峒、浦市、黔阳古城、洪江古商城、托口古镇等，不胜枚举。

（二）按功能分类

从地理环境看，湘黔交界区域地处湖南、湖北、重庆、贵州、广西5省（市、区）交汇的要冲，一些传统聚落的形成明显带有边界地域的功能特征。根据这些特征，可以把研究区内的传统聚落划分为六大类型。

一是交通枢纽型。这类传统聚落一般位于省际边界处，其功能主要是为行人、商贩提供歇脚、住宿、餐饮服务，集市商贸是随后发展起来的。如沈从文小说《边城》中故事的发生地茶峒是湘黔川三省交界水陆联运的交通节点，明清时代三省商贩往来频繁。抗日战争时期，蒋介石一部经此退守四川重庆，成千上万的学生从这里迁往铜仁①。解放战争时期，刘邓大军从这里长驱直入大西南。位于"楚尾黔首"之地的新晃龙溪口古镇为楚黔走廊要道。据记载，民国时期每天运载货船少则30只，多则50余只。此外，坪坦古村、山塘驿、马底驿、船溪驿、托口古镇、大江口犁头古镇、里耶古镇等，都是古代湘西各地的重要交通节点。

二是军事要塞型。这类传统聚落一般处于重要的关卡处，或是处于行政中心的外围地带，起保卫和防御行政中心的作用。这类古村落典型的有乾州古城、黄丝桥古城、凤凰古城等。据记载，乾州古城筑于明嘉靖年间，修建目的是阻止苗民起义，是湘鄂川黔边境一带"苗防"的大本营和军事基地。清乾隆六十年（1795），苗民起义军吴八月部攻破乾州，随后进攻凤凰。至清康熙甲午年间（1714），城内公署兵营10多家，驻军多达5万人②。

三是政治中心型。这类传统聚落一般位于地势平坦的河谷地带，经济相对繁荣，后因政治中心的转移而逐渐衰落，如黔阳古城、老司城、锦和古城、凤凰古城（一直作为行政中心）等。黔阳古城自汉以降，各朝均在此设立县治，1949年县治搬迁安江镇后逐渐衰落，是一座具有2200多年的历史古城，也是湘楚苗侗地区的区域中心和政治中心。

四是商贸集市型。由于水系密布，水运频繁，故这些偏远的古村

---

① 夏长阳. 走进五溪大湘西[M]. 天津：百花文艺出版社，2008：30-35.
② 柴焕波. 湘西古文化钩沉[M]. 长沙：岳麓书社，2007：135-137.

落商业贸易非常发达。这类传统聚落一般临河而建，沿河有水运码头，各地客商在城镇中建立商号会馆、宗教寺庙、家族祠堂、文庙书院、文人宅第等，如洪江古商城、托口古镇、王村、洗车古镇、隆头古镇、浦市古镇等。这些古城镇今天虽然大多已经破败，但从其建筑上雕梁画栋的华丽装饰仍可见当年的气势与繁华。

五是府第名望型。府第名望型一般是古村寨，最早由文化名人或宗族首领修建。其选址特别讲究风水，村落由一个个小院落组成，与周围山水田园相融，给人朴素内敛之感，如高椅古村、荆坪古村、黄溪古村等。高椅古村为南宋威远侯杨再思的后裔所建，村中85%的村民为杨姓，古村以五通庙为中心，呈梅花状分布排列，巷道与封闭式庭院呈八卦阵式，被专家誉为"江南第一村""民俗博物馆"。荆坪古村是由乾隆皇帝的启蒙老师潘仕权设计的，整个村落的布局也是按照八卦图形建设的。

六是民族村寨型。这类古村落规模大小不一，但数量众多，多为少数民族聚居地，民族风情浓郁，也称为古村寨。这样的古村寨在湘西各地星罗棋布，在怀化各县市的密集度特别高。沅陵、辰溪、麻阳、溆浦、新晃、芷江、中方、洪江、会同、靖州、通道等地的古村寨规模较大，特色突出，保护较好。这类古村寨按照其民居建筑和风俗习惯特点可以细分为南北侗古村寨、苗族古村寨、土家古村寨、瑶族古村寨四大类型①。其中南侗古村寨指怀化的通道、靖州两地，如皇都侗寨、芋头侗寨、坪坦侗寨等；北侗古村寨指怀化的新晃和芷江两地，如天井侗寨、八江口侗寨等；苗族古村寨主要集中在花垣、吉首、卢溪、凤凰、麻阳、靖州、城步、绥宁等地，如矮寨、德夯、山江、地笋等；土家族村寨主要集中在湘西北的龙山、永顺、桑植、保靖、古丈等地；瑶族村寨主要集中在江华、辰溪、隆回虎形山乡、溆浦山背等地。

（三）按地貌分类

研究区内传统聚落的分布具有一定的规律性，从聚落的选址来看，可以划分为三种类型：

---

① 柳肃. 湘西民居[M]. 北京：中国建筑工业出版社，2008：10-18.

一是河汊型。这类聚落选址在干、支流交汇的冲积带上，地势平坦，水运便利，如果冲积带面积较大，就有条件形成较大的城镇，如湘西州的洗车古镇位于洗车河中游，猛西河与洗车河汇合处，有 7 条巷道通往河边，建有 6 个码头，鼎盛的时候"日客九千，夜宿八百"。怀化麻阳的高村，东临锦水，北有梅溪河，中有尧里河，三面环水，水运发达。高村的居民大多以撑船放排为业，沿锦江，下沅水，入常德，号称"麻阳帮"，在常德闯出了一条"麻阳街"。新晃的龙溪口古城处于龙溪与舞水交汇处，黔阳古城处于舞水与沅水的交汇处，三面环水。洪江古商城处于巫江和沅水的交汇处，托口古镇处于渠水汇入沅水之处，犁头嘴古镇位于溆水和沅江的交汇处。河汊型古村落一般发展为重要的商贸古镇，在区域经济的发展中起着增长极的作用。

二是临江型。这类聚落也是沿江成长发展起来，但由于地形的限制，往往只能在狭窄的谷坡、河流阶地或是较高的台地上临江而建。典型的如王村镇、迁陵镇、隆头镇、里耶镇均建在酉水岸边的河流阶梯上，荆坪古村建在舞水河的台地上。河流的走向也决定了城镇街道的空间布局方式，其最大的特点是城镇沿河道一侧呈条状延伸，而且总有一条主要的街道与河流平行，沿街的建筑在街道和河流之间平行延伸，建筑店铺前门临街，后面临河。由于建筑进深受地形的限制，故不得不将建筑后部架空伸至水面之上，从而形成沿河吊脚楼的建筑形式。在湘西临河古村落中，成排的沿河吊脚楼是常见的景象。

三是山地型。这类聚落一般为瑶族、苗族等少数民族村寨，研究区域内田少山多，村寨选址尽可能靠山，或建于山上，或建于坡地。村寨由民居和公共建筑组成，大致横向成排地沿等高线层层排列①。宅基地有时候受地形的限制，往往也建成吊脚楼的形式。

（四）按海拔分类

五溪流域的山地较多，中低山地所占的比例为 60% 左右，其中最高峰梵净山金锭海拔 2494 米，最低处五强溪镇界首海拔约 135 米，高程差约 2400 米，各种类型的传统聚落点缀其中，极富有层次感。以怀

---

① 刘南威. 自然地理学[M]. 北京：科学出版社，2002：278-284.

化洪江市为例，其聚落集中分布在 200～1000 米的海拔范围内（如图 3-3），具体可以分为三种类型：一是平原型聚落，该类聚落主要分布在海拔 200～600 米区间，数量较多；二是山坡型聚落，主要分布在 600～1000 米海拔高度；三是高山型聚落，主要分布在 1000 米以上的海拔高度。古朴的村落与周边的自然生态完美结合，呈现出浓郁的乡土气息和神秘的古文化底蕴，因此传统聚落也呈现出明显的垂直分布特征。

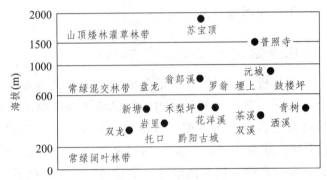

图 3-2　传统聚落垂直分布示意图（基于洪江市调查）

资料来源：课题组实地调查结果统计所得

此外，按照文化类型的不同，还可以分为军事政治文化型、商业贸易文化型、农耕仕读文化型、少数民族文化型等四种类型。

四、传统聚落的分区

（一）分区原则

人文地理学所研究的聚落，同其他地理事物一样具有地域分异规律。传统聚落的形成是受自然条件、经济水平、社会发展等多要素相互影响、共同作用的结果，因此可以借鉴自然区划的成功经验。综合自然区划中经常用发生学原则、综合分析与主导因素原则、相对一致性原则、区域共轭性原则来进行分区，这里主要用发生学原则、综合分析与主导因素两大原则对研究区域的传统聚落进行分区。发生学原则强调自然区域的分异和自然综合体的特性是在历史发展过程中形成的，因此进行自然区划，必须深入探讨区域分异产生的原因与过程，将其作为区划的依据之一[①]。研究区内的传统聚落因水而生，因水而兴，因水而商，因水而旺，因水而衰，因此水系分域是分异的依据之一。研究区内的传统聚落虽然大多依水而建，但少数民族村寨却并不完全按照这一规律选址。少数民族在困难的条件下开发山区，聚族而居，从事农林种植和畜牧生产，与外界交流极少，保持着传统的习俗，这是另一分异依据。可以看出，研究区内的传统聚落在长期的发展过程中，形成了立体空间结构形态。

（二）分区方案

结合上文的分析，可以拟定如下分区方案（见表 3-6）。首先，根据其主要分异依据，我们将其划分为河汉盆地区和高原山地区 2 个大区。其中河谷盆地区主要为古城、古镇，商贸业发达，城镇功能相对完善。高原山地区主要为古村（寨），居民聚族而居，经济上自给自足，与外界交流较少。其次，根据流域这一主导因素，我们将其分为西水、武水、辰水、溆水、巫水、舞水、渠水、清水江 8 大亚区。高原山地区根据少数民族文化类型可以分为南侗古村寨、北侗古村寨、苗族古村寨、土家族古村寨、瑶族古村寨 5 大亚区。

表 3-6 研究区内传统聚落分区方案

大 区	亚 区	范 围	主要特点
河谷盆地区	酉水流域区	龙山、保靖、永顺、古丈花垣、吉首、凤凰、芦溪	多为古城、古镇，商贸业发达，城镇功能相对完善
	武水流域区		
	辰水流域区	麻阳、辰溪	
	舞水流域区	新晃、芷江、鹤城、中方、洪江	
	巫水流域区	会同、洪江区	
	渠水流域区	通道、靖州、会同、洪江	
	溆水流域区	溆浦	
	清水江流域区	芷江、洪江、会同	

① 刘南威. 自然地理学[M]. 北京：科学出版社，2002：278-284.

续表

大　区	亚　区	范　围	主要特点
高原 山地区	南侗古村寨区	通道、靖州	多为古村 （寨），聚族而 居，经济上自 给自足，与外 界交流较少
	北侗古村寨区	新晃、芷江	
	苗族古村寨区	花垣、保靖、古丈、凤凰、 吉首、卢溪、麻阳、城步、靖 州、绥宁、沅陵	
	土家族村寨区	龙山、永顺、保靖、桑植、 永定区、慈利、古丈、沅陵	
	瑶族古村寨区	江华、辰溪、隆回、溆浦	

资料来源：课题组实地调查结果统计所得

第四章　传统聚落的水生态智慧

　　水生态智慧是人类在与水相处、运用水的过程中积蓄的创造力、与自然和谐相处的能力和智慧[①]。近年来各地出现了一系列的"水"问题，如城市内涝"看海"、雨洪泛滥、水体富营养化、河流干枯及堵塞等。与此同时，许多传统村落却能"独善其身"，在人居环境、雨洪蓄排、水资源利用、生产灌溉等方面展示出高超的生态智慧[②]。这些传统聚落水环境系统所拥有的生态智慧与实践秘诀是什么？在现代水资源匮乏和人居水环境面临严峻挑战和困境之时，启示与出路何在？深入梳理、研究与揭示隐藏在传统村落中的水生态知识、经验和智慧，对于当前推进乡村振兴战略、破解乡村发展生态困境、促进生态文明建设有着重要的理论与现实意义。我们对处于湘黔两省交界区域的坪坦河流域的侗寨水生态智慧进行了调查，这些侗寨均历史悠久，保存完整，规模宏大，是侗族聚落的典型代表。这里自然地理环境相对封闭，传统侗寨受现代技术影响较小。因此，从地形地貌、气象气候及生态环境等自然地理环境要素与蓄水系统、排水设施、净水系统、调节气候、发展经济等方面的水生态智慧进行综合分析。以此管窥中国传统聚落的水生态智慧与实践经验。

一、流域总体概况

　　坪坦河流域地处北纬 25°52′ ~ 26°20′，东经 109°26′ ~ 110°1′，位于

① 颜文涛，王云才，象伟宁. 城市雨洪管理实践需要生态实践智慧的引导 [J]. 生态学报，2016，36（16）：4926-4928.
② 刘华斌，古新仁. 传统村落水生态智慧与实践研究——乡村振兴背景下江西抚州流坑古村的启示[J]. 三峡生态环境监测，2018，3（4）：4926-4928.

湘黔两省交界区域。从行政区划来看，其主要处于怀化市通道侗族自治县境内，属南亚热带季风气候区。北纬30°是地球上美景的集散地，如浪漫的夏威夷、秀丽的迈阿密、绚烂的冲绳、古朴的昆明，还有爽爽的贵阳。坪坦河流域有着怎样的特点？这里从地形地貌、气象气候及生态环境等自然地理环境要素将其进行综合分析。

（一）流域特征

根据河流源头"河源唯远"和"水量最丰"的原则[①]，通道坪坦河发源于县境南部陇城镇八斗坡北面，于坪坦乡与另一支流阳烂河汇合，水量增加，河面展宽，河面常年保持宽度约80米[②]，后折向北经黄土乡流至双江镇，与另一条支流马龙河于双江镇柏栗树坪处合流后被称为双江河，最终汇入长江，故属长江水系。从源头至河口，受地形地貌的支配，坪坦河东侧支流较少，而西侧支流相对较多，水系平面形态呈梳状[③]，其主要补给形式为地面雨水补给，地下潜水补给较少。坪坦河流向及所经地如图4-1所示。

（二）河流分段

自源头至双江镇柏栗树坪汇流处，坪坦河全长约40千米，流域面积92.7千米[2]，集水区范围包括陇城、坪坦、黄土、双江4个乡镇[④]。根据地形、地貌及水文特征，可以将其划分为三段：自源头至坪坦村为上游，其基本特征是河谷窄，河谷横断面呈"V"形，比降和流速较大，水量小，侵蚀较为严重；自坪坦村至黄土乡政府所在地为中游，中游接纳了阳烂河、头寨河、尾寨河等支流后，水量大增，比降已较缓和，流水的下切力减少，河谷横断面呈"U"形，总断面呈小凹曲线；自黄土至双江镇柏栗树坪处为下游，下游河谷宽广，河道弯曲，河水流速

---

① 伍光和，田连恕，胡双熙，等. 自然地理学[M]. 3版. 北京：高等教育出版社，2005：151.
② 湖南省通道侗族自治县县志编纂委员会. 通道县志[M]. 北京：民族出版社，1999：74.
③ 邹伯科. 通道，因坪坦河而成[N]. 潇湘晨报，2014-06-25（04）.
④ 湖南省通道侗族自治县县志编纂委员会. 通道县志[M]. 北京：民族出版社，1999：56.

小而流量大，淤积作用显著，河道中可见浅滩和沙洲。

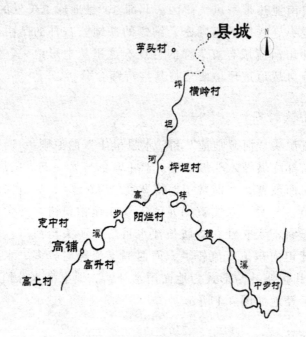

图 4-1　坪坦河流向及所经主要村寨示意图
资料来源：通道县民宗局提供材料转绘

坪坦河中游穿行于山间低地，冲积出一些河谷台地。这里土层深厚肥沃，土壤呈酸性或微酸性，农业生产条件较好，孕育了耕地与水源，因此坪坦河中、上游及其一级支流沿岸集中分布了诸多侗族村寨，尤其以坪坦乡最为集中。

（三）重点聚落

传统侗寨即是聚落，为众多居住房屋构成的集合或人口集中分布的区域，是在一定地域内发生的社会活动、社会关系与生活方式的总和，是由共同成员所组成的相对独立的地域社会。从空间环境系统上讲，村落包括自然生态环境、社会组织和人文环境等子系统。坪坦河流域分布了众多的侗寨聚落，我们重点考察了芋头侗寨、横岭侗寨、坪坦侗寨、高步侗寨、阳烂侗寨、中步侗寨等 6 个侗寨。这 6 个寨子共有居民 1630 余户，人口约 7701 人。结合通道县民族宗教事务局提供的资料，我们对 6 个侗寨概述如下：

芋头侗寨。芋头侗寨位于今通道侗族自治县双江镇芋头村，坐落于芋头溪畔的深山幽谷之中，距县城西 9 千米。全村侗寨分 7 个自然聚居点，约 174 亩。芋头侗寨于明洪武年间（1368—1398）建寨，后经明清两代不断续建、复建，形成今天的布局，其村寨发展的历史沿革脉络清晰。明朝洪武年间，始祖杨大伞砍树搭棚定居。明嘉靖三年（1508），外来粟姓涌入，户增人丁兴旺，侗寨建筑规模扩大，逐渐向界场坪、牙上、深冲等山丘盆地布置聚居点。明万历年间（1573—1620）修筑驿道。清顺治年间（1644—1661），村寨遭火灾，复建寨后，形成以芋头溪流为轴线向两边冲岔布置民居建筑的 7 个聚居点。故后来就有"上方黄土五百户，高芋山寨三百家"之赞誉。清乾隆四十二年（1777）建寨脚桥，后来又增建龙氏鼓楼、牙上鼓楼。清嘉庆五年（1800）建中步桥、塘坪桥等，形成芋头侗寨盛期风貌。清道光九年（1829）维修驿道。清光绪七年（1881）维修牙上鼓楼。清咸丰十一年（1861），翼王石达开率太平军过芋头寨，取道通道、黎平。今侗寨西面的太平山就是因此而得名。据说太平山上的旧屋场是太平军驻足的营地。1921 年，村民捐资献料，维修芋头侗寨学馆（现存石碑一通）。1934 年 12 月 12—19 日，中国工农红军第一方面军长征经芋头寨，向贵州黎平进军。中华人民共和国成立后（1951），芋头寨划属双江五区，为芋头高级社；1958 年后，属芋头大队；2001 年 6 月 25 日，芋头侗寨古建筑群被中华人民共和国国务院公布为全国重点文物保护单位（第五批）。

横岭侗寨。横岭侗寨位于通道侗族自治县坪坦乡横岭村境内，坐落于坪坦河畔，距县城双江镇西南 18 千米，是一个依山环水的侗寨，明朝天顺年间始建寨，因位于横向的山岭延伸处而得名。横岭侗寨位于古航运黄金通道——坪坦河流域上游，始建于明朝天顺年间，历史上属广西南路桂州，清代属广西柳州府怀远县大营峒，民国前期属怀远县丙区，民国 24 年（1935）以后属平江区，中华人民共和国成立后属广西三江县第八区横岭乡，是当时横岭乡治所在地，现存有乡公所遗址。1954 年 10 月 1 日划归湖南怀化通道侗族自治县第七区横岭乡管辖，1956 年为坪坦公社横岭大队，1984 年后属坪坦乡横岭村。1948 年一场大火将大寨内大部分建筑烧毁，之后逐步恢复重建。20 世纪 70 年代破"四旧"时，寨子内几座庙宇遭到破坏。90 年代后，寨内各种公共建筑逐步得到恢复重建，环境得到整治，文化生活全面繁荣，一个古老而美丽的侗寨呈现在人们面前。

坪坦侗寨。坪坦侗寨位于今通道侗族自治县坪坦乡坪坦村境，属平坝型侗寨，寨内古迹众多，吊脚楼鳞次栉比，是典型的百越遗风。寨内有 236 栋吊脚楼，古水井 4 处，鼓楼 3 座，古萨坛 1 处，古树 11 株，古石板道 1 条，古飞山宫 2 处，古孔庙 1 座，古大南岳庙 1 座，古城隍庙 1 庙，李王庙遗址 1 处，雷祖庙遗址 1 处，风雨桥 1 座。坪坦寨民族文化底蕴深厚，婚丧、农耕、饮食、歌舞、纺织等传统文化保留完整，侗汉文化包容共存。坪坦寨始建于宋代。宋代以前此处为原始森林，族人先祖石、杨、吴、胡 4 公与坪坦、横岭 2 个侗寨的先祖一同聚居在今坪坦组。石姓先祖 40 岁得一男婴，体弱多病。先祖为子治病，时常深入密林寻药。一日入林，因身体劳乏，便靠在一棵树下昏昏入睡，睡中得一梦："你儿命弱，需拜祭大树当重生父母……"翌日，他依梦所言带其子到这里拜祭大树为重生父母。日后其子病痛渐消，健康成长。于是 4 公相继迁入坪坦侗寨。1954 年以前，坪坦村属三江县大营峒。民国初年大营峒改称平江区，属平江区横岭乡，民国中后期改为三江县第八区横岭乡坪坦村。1954 年 10 月划归通道侗族自治县后，横岭乡改称坪坦乡，坪坦村随属，成为全乡政治、经济的中心。

阳烂侗寨。阳烂侗寨位于今通道侗族自治县坪坦乡阳烂村境，距县城南部 23 千米。阳烂村属于典型的依山傍水型侗寨。阳烂侗寨有吊脚楼 141 栋、古井 4 口、古驿道 1 条、石板路 5 条、鼓楼 3 座、风雨桥 1 座、寨门 3 座、戏台 1 座、碑廊 1 处。此外，阳烂还是有名的银器加工基地，在湘、桂、黔三省（区）享有盛誉。阳烂侗寨始建于清代。阳烂始祖龙宗麻原籍江西省吉安府泰和县掳凌寨，有兄弟 4 人，明朝末年因战乱南迁，分居湖南、贵州两地。老大龙宗麻迁居绥宁县东山乡岩湾洞，清朝初年迁居今高团村，生下文旋和满旋二兄弟。家中喂一对白鹅，常顺河而下觅食。当时的阳烂是一片沼泽地，白鹅觅食到此后就在此生蛋繁殖，龙家主人不见白鹅归巢，四下寻找，一个月后在沼泽地里找到并赶回家中。第二天，白鹅又带着它的鹅崽顺流而下归旧巢，一连数次皆如此。龙家认为这是块风水宝地，于是兄弟俩一商量，由老弟满旋迁居此地。因此地坐东朝西，向阳，故取名阳烂。后又有杨姓祖先迁入融合，经数百年的发展，形成现在的侗寨规模。阳烂村清曾属广西三江县大营峒高步乡阳烂村，民国初年改称三江县平江区高步乡阳烂村，后改称三江县第八区高步乡阳烂村，1954年10月划归通道侗族自治县后，改称坪坦乡阳烂村至今。

高步侗寨。高步侗寨由高升村、高上村、克中村组成，3个村辖岩寨、秧田、上寨、里边、龙姓、高坪6个屯，位于今湖南省通道侗族自治县坪坦乡境内，坐落于深山幽谷之中，距县城25千米。高步侗寨是湖南省通道侗族自治县百里侗文化长廊中比较大的一个侗寨，与广西三江县的高秀侗寨仅一山之隔。高步侗寨历史悠久，文物古迹甚多，有古水井6口，古墓群1处，青石板古驿道2条，萨坛1处，鼓楼6座，花桥5座（其中永福桥和廻福桥2006年5月被批准为国家文物重点保护单位），戏台2座，社王祠1座，七子太公庙1座，飞山宫1座，南岳庙1座，香岭求子庙1座，古石碑1通20块，村口古树3棵。其独具韵味的传统节日有吃冬（过侗年）、尝新节、芦笙节、三月三、四月八、九月九、春社节、秋社节等；主要传统美食有糯米饭、米酒、油茶、腌鱼、腌肉；传统侗族文化有芦笙、侗戏、侗歌、哆耶、侗款、侗锦、侗族服饰、侗族银饰；著名的民间艺人有吴庆元、吴银国、吴昌恒等。高步侗寨始建于明洪武年间，最初由龙姓从湖南省绥宁县东山乡迁徙到绥宁县溪口乡古友村（今通道县），随后迁徙到通道县菁芜州，又迁徙到双江镇芋头村，再迁到广西怀远县横岭乡（今通道县），最后到高步落户。那时有少量苗民居住在高步崖上山顶，但并未开发高步。高步坝子古树众多庞大，高步侗族先民一般将其做成直径约1米的大木桶用来贮备物品。其余彭、莫、陆、罗、黄、张6姓均由广西怀远县的横岭乡迁徙过来。随后7姓结拜成异性兄弟。高步人口逐年增多，苗民后搬出，此地便形成了完全由侗族同胞居住的村寨。民国时期此地为乡公所所在地，20世纪初叶其大地域概念方圆几百米，小地域概念是侗族同胞密集居住的6块连片修建方圆2平方千米的吊脚楼民居和各类侗族宗教文化建筑。一条三曲小河由西而东将高步坝子从中分开。南岸稍高，有里边、龙姓、高坪 3 个自然村。北岸的上下游有上寨、岩寨与河岸等高，中间的秧田寨较低洼。南北两岸各 3 寨素，称高步六角，又称六寨。

中步侗寨。中步村坐落在盘龙山下，四周沃野平畴。1972 年冬农业学大寨时，部分农户搬迁上猴冲，中步现在形成 5 个自然村。中步村古建筑较多，主要有侗族鼓楼戏台 4 座，风雨桥（福桥）3 座，古井 3 处，寨门 2 座、萨坛 1 座、石板古道 4 条，古墓群 4 处，古宗教建筑遗址 7 处，寺庙 2 座，古风水树 23 棵，均为清中期建筑。中步古寨保存有丰富的非物质文化遗产和较为完整的民风民俗。中步侗寨的习俗，主要有生产习俗，生活习俗、礼仪习俗和村寨习俗等。这些即侗族社会政治、经济生活的反映，又是该民族共同体思维方式、心理素质、道德风貌、文化特点的集中体现。既有本民族的传统特色，也吸收、融合了其他民族的部分习俗。中步村历史，可以追溯到宋、元以前。据《中步杨氏初四宗谱》记载：中步杨姓的二世祖为杨再思第二个妻子蒙氏所生，叫杨正约，是杨再思十子中的第四子，原居飞山，后约于北宋初期迁居古州孟等，又于北宋庚辰年间（980）转迁湖南路塘、中步。所以，现在路塘、中步杨姓以每年的农历十一月初四这一天为祭祖的"吃冬节"（也即侗年）。中华人民共和国成立后，1951 年 11 月从绥宁划归通道县管辖，属通道县第四区（陇城区），1958 年 10 月实行政社合一的人民公社组织形式，中步村属通道侗族自治县陇城人民公社，境内设城塘、步坪、大坪 3 个生产大队。1961 年人民公社体制调整，陇城公社分为陇城、坪阳、甘溪 3 个公社，中步村属陇城公社。1984 年 4 月，撤销陇城公社改为陇城乡，中步仍属陇城乡。2002 年，陇城乡经批准撤乡建镇，成立陇城镇人民政府，中步属陇城镇。

二、自然地理环境特征

从整个坪坦河流域地理环境来看，该区域具有凹状镶嵌的地表形态、沧海桑田的环境变迁、类型多样的土壤植被、暖湿递变的季风气候等自然地理特征。

（一）凹状镶嵌的地表形态

地理形态上，通道侗族自治县地处东经 109°25′~110°，北纬 25°52′~26°29′，处于雪峰山脉南端，接南岭余脉，连云贵高原东北边端，苗岭余脉延伸境内，形成东、南、西三面高耸，中部和北部略低的地势。全县平均海拔为 876 米，最高海拔为 1620 米，最低海拔为 213 米。其中海拔在 1000 米以上的山地占 20%[①]。

坪坦河发源于县境南部的八斗坡山峰，该山脉为长江水系与珠江水系的分水岭，分水岭以北，东、南、西三面较高，南部隆起，中部凹陷，地势向东、向西北倾斜的"凹"状地表形态，山地夹丘陵、谷地，且具有明显的带状分布规律[②]。若从高空俯瞰，坪坦河有如一条狭长水槽。在地貌大势的控制下，流域水、热状况和自然景观也基本呈现"凹"状的地域组合及分异格局。

（二）沧海桑田的环境变迁

通道地质历史的发端，可追溯到 10 多亿年前的元古代中期，根据地质资料，整个县域的地质变迁可划分为 3 个发展阶段[③]：

一是中晚元古代至早古生代的海侵阶段。中元古代时，境内处于前武陵期，为板块俯冲而成的古地槽边缘海槽优地槽环境。晚元古代中期末，雪峰运动，使雪峰期冒地槽回返上升，马底驿和五强溪组褶皱断裂，区域变质，岩浆侵入，成岩成矿，县境处于地向斜上，形成五强溪组期沉积，有铜镍、钴、铬、铀、钯等矿化。晚元古代震旦纪早期，县境为陆坡滞流还原环境，沉积炭质黏土、夹砂、粉砂及碳酸盐透镜体。早奥纪早中期属华南海域的陆坡环境。

二是晚古生代至中生代早三叠纪的海侵海退阶段。晚古生代至中生代早三叠纪通道全域处在海峡、海湾反复出现的环境中，多次经历

---

① 湖南省通道侗族自治县县志编纂委员会. 通道县志[M]. 北京：民族出版社，1999：75.

② 湖南省通道侗族自治县县志编纂委员会. 通道县志[M]. 北京：民族出版社，1999：87.

③ 湖南省通道侗族自治县县志编纂委员会. 通道县志[M]. 北京：民族出版社，1999：64.

海侵海退。早石炭纪早至晚期为海滨环境，后地壳局部抬升为浅海台地环境、浅海台盆。

三是中生代晚三叠纪至新生代的陆相阶段。在中生代三叠末安源运动后，县境至怀化及全省造山成陆，结束海侵历史。早白垩纪以后一些凹陷盆地在炎热半干旱亚热带古气候下沉积为陆相红色建造，即有现称的丹霞地形。

坪坦河流域现状格局形成于新生代第三纪始新世末，该时期喜马拉雅运动波及全县，地壳持续抬升，一级阶地出露基座，河流在基岩石面上冲刷，并且至今依旧有持续上升态势[①]。

（三）类型多样的土壤植被

该区域土壤类型丰富多样，主要分布有红壤、山地黄壤、水稻土、黄棕壤、菜园土、潮土等类型[②]。

其中，红壤为流域内分布面积最大的土类，约占流域土地面积的85.9%。从水平分布上看，红壤为地带性土壤，广泛分布于流域内的低山、丘陵和岗地；从垂直分布上看，主要分布在海拔300~500米之间。本区域红壤除部分酸性较重外，酸碱度 pH 值 4.5~5.5。由于植被良好，红壤中有机质含量高，养分丰富，据坪坦乡取样调查结果显示，有机质达到 17.71%。此外，本流域红壤土层深厚，便于农业开发利用。

黄壤为区内面积仅次于红壤土的第二大土类，约占土地总面积的6.3%。主要分布于海拔 550~800 米，酸碱度 pH 值一般为 4.0~5.5，含氮量 0.28%，含磷 0.13%，含钾 1.5%。此类土壤腐殖质层、心土层均较厚，且肥力较高，适宜杉木、竹类生长。

黄棕壤在坪坦河流域分布不多，占土地总面积的 1.7%，主要分布于海拔 1000 米左右的中山区，其特征为土层黏性重，酸碱度 pH 值 4.0~4.5，有机质含量为 8%~10%，含氮量 0.41%，含磷 0.35%，含钾 2.1%。

---

① 邓美成，屈运炳. 湖南省地理[M]. 长沙：湖南师范大学出版社，1992：35
② 湖南省通道侗族自治县县志编纂委员会. 通道县志[M]. 北京：民族出版社，1999：72.

自然植被多为阔叶灌木林、针叶林和草本植被，适宜发展畜牧业和种植中药材。

水稻土集中分布在坪坦河及其支流的河谷及山丘沟谷处，为主要的耕作土壤，土壤的 pH 值为 4.5～8.5，有机质含量为 1%～4%，一般含磷量 0.05%～0.25%，含钾量 0.05%～0.25%，含氮量 0.1%～0.2%。

菜园土约占土地面积的 0.12%，菜园土同水稻土相似，土层深，肥力中上，有机质含量 1%～4.5%，含氮量 0.08%～0.09%，含磷量 0.12%～0.31%，含钾量 1.17%～2.36%，一般呈中性或微碱性。

潮土主要发育在河流冲积物母质上，分布于海拔 300 米左右的河流两岸的河漫滩，约占土地面积的 0.08%。潮土有河潮土和耕型河潮土之分，酸碱度一般呈中性，保水保肥能力较差，一般有机质含量 0.94%～1.6%，含氮量 0.06%～0.95%，含磷量 0.09%～0.14%，含钾量 1.98%～2.23%。

坪坦河流域植被类型也具有多样性特点。从植物区位来看，隶属我国东部湿润中亚热带常绿阔叶林地带[①]。由于地理过渡性，以及地形地势和人为作用的综合影响，流域内植被类型丰富多样。据考察，该区现有植物 251 科、981 属、2589 种。其中蕨类植物 49 科、109 属、349 种，分别占中国蕨类植物的 77.78%、48.02% 和 15.86%；裸子植物 9 科、20 属、31 种，分别占全国裸子植物的 90.00%、58.82%、12.4%；被子植物 193 科、852 属、2209 种，分别占全国被子植物的 66.55%、27.18%、8.22%。国家一级保护植物 7 种，即珙桐、桫椤（树厥）、水杉（原生种）、银杏（原生种）、南方红豆杉、伯乐树（钟萼木）、香果树等；二级保护植物 28 种，湖南重点保护植物 48 种；列入国家濒危保护《红皮书》的有 42 种。由于景区内森林覆盖率较高，植被保存完好，以及优越的地貌组合、气候差异、水文状况等，为野生动物的繁殖、迁徙提供了优越的自然条件，使其成为野生脊椎动物繁衍的乐园。据统计，已记录在册的野生脊椎动物有 28 目、80 科、209 种。属国家一级保护动物 1 种，即白颈长尾雉；二级保护动物 26 种；属国际贸

---

① 邓美成，屈运炳. 湖南省地理[M]. 长沙：湖南师范大学出版社，1992：234

易公约保护的动物 25 种；列入国家《红皮书》中的濒危动物 16 种；湖南新发现的动物 4 种。

（四）暖湿递变的季风气候

1. 气候特点

流域属亚热带季风性湿润性气候区，该区气候总体特征为 1 月平均气温在 0 ℃ 以上，7 月平均温一般为 25 ℃ 左右，冬、夏季风向有明显变化，年降水量一般在 1000 毫米以上，降水主要集中在夏季，冬季较少[①]。由于坪坦河流域处于珠江水系的融江河谷盆地，夏季暖流顺江北上，冬季寒流沿江南下，加上流域复杂的下垫面，形成了独特的气候：一是流域内四季分明，夏无酷暑，冬少严寒。与长沙、怀化相比，夏天气温低 2~3 ℃，冬天气温高 2~3 ℃ [②]。最热月份（7 月）月均温为 26.2 ℃，最冷月份（1 月）月均温为 5.2 ℃ [③]。二是降水充沛，多集中在春夏两季。坪坦河流域多年年降水量 1480.7~1600 毫米，且多集中在春夏两季，约占全年 70% 以上[④]。此外，气温年较差小，雨雾较多，相对湿度大。三是立体气候明显，小气候差异大。四是日照时数较短。由于地处全国日照最少地带，通道年平均日照仅为 1400.3 小时[⑤]，且季节分配不均。

2. 四季气候

为使四季能与各地的自然景象和人们生活节奏相吻合，气象部门一般采取候温划分四季法，当候平均气温稳定在 22 ℃ 以上时为夏季开始，平均气温稳定在 10 ℃ 以下时为冬季开始，平均气温在 10~22 ℃

① 伍光和，田连恕，胡双熙，等. 自然地理学[M]. 3 版. 北京：高等教育出版社，2005：114.
② 邓美成，屈运炳主编. 湖南省地理[M]. 长沙：湖南师范大学出版社，1992：47.
③ 湖南省通道侗族自治县县志编纂委员会编. 通道县志[M]. 北京：民族出版社，1999：74.
④ 湖南省通道侗族自治县县志编纂委员会编. 通道县志[M]. 北京：民族出版社，1999：75.
⑤ 湖南省通道侗族自治县县志编纂委员会编. 通道县志[M]. 北京：民族出版社，1999：75.

之间为春、秋季，从 10 ℃ 升到 22 ℃ 为春季，从 22 ℃ 降到 10 ℃ 为秋季[1]。据县气象局统计资料，坪坦河流域与全县四季时段并无太大差异[2]。流域四季情况如表 4-1。

表 4-1　坪坦河流域四季特点

季节	时段	天数
春季	3 月 23 日—6 月 11 日	81 天
夏季	6 月 12 日—9 月 12 日	93 天
秋季	9 月 13 日—11 月 18 日	67 天
冬季	11 月 19 日—3 月 22 日	124 天

资料来源：《通道县志》，通道侗族自治县县志编纂委员会编，民族出版社 1999 年版

各季气候特点如下[3]：

春季。平均气温 11.7 ~ 20.7 ℃，极端最高温 32.1 ℃（1957 年 4 月 24 日），极端最低温 1.5 ℃（1969 年 4 月 6 日）。春季时寒流入侵，冷空气活跃，多阴雨连绵天气，降温幅度大且伴有大风，形成"倒春寒"。从 3 月下旬开始，雨量增加，4 月下旬进入雨季，雨量集中，偶有洪涝发生。此季降雨量 400 ~ 500 毫米，占年降雨量的 35%。

夏季。6—7 月中旬降水频繁，季降水量约为 400 ~ 500 毫米，占年降水量的 35%。7 月中旬以后雨季结束进入旱季。旱季一般历时一个月，但时有暴雨，偶成洪涝。7—8 月为全年气温最高时段，7 月为最热月份，全县均温为 26.2 ℃，极端最高气温达到 37.5 ℃。但据统计，坪坦河流域日最高气温高于 35 ℃ 的天数平均每年只有 6 天。同时，因地处山地，海拔较高，且森林覆盖率较高，因此流域夏季较为凉爽。

秋季。自 9 月中旬以后，受太阳直射点、太平洋副热带高压南移的影响，流域范围内受大陆高压控制，冷空气开始南侵，气温逐渐下

---

① 赵济. 中国自然地理[M]. 3 版. 北京：高等教育出版社，1995：16.
② 湖南省通道侗族自治县县志编纂委员会. 通道县志[M]. 北京：民族出版社，1999：76.
③ 湖南省通道侗族自治县县志编纂委员会. 通道县志[M]. 北京：民族出版社，1999：76-78.

降，开始出现秋季低温冷寒，俗称"寒露风"。据统计，"寒露风"每年出现概率为 80%，这对农作物不利。秋季降水量少，约为夏季的一半，大概 200 毫米，占年降水量的 15%~20%，一些年份有秋旱发生。

冬季。冬至以后，北方冷空气侵入，天气较为寒冷，往往形成冰雪天气，气温明显下降。次年 1 月为最冷月，平均气温值 5.2 ℃，最低气温为 -7.3 ℃（县气象站所在地，海拔 397.5 米，1977 年 1 月 30 日）。此季冰冻天气的概率为 80%，并且地势越高而越严重，维持的时间也越长，北坡重于南坡。

3. 主要气象灾害

据县志记载，主要的气象灾害有[①]：

水灾。包括洪灾和涝灾（多同时发生），为流域内主要自然灾害之一。据县气象部门统计，流域内平均每年发生暴雨 2~3 次，每两年发生大暴雨 1 次，多集中在 5—8 月，约占全年暴雨总次数的 83%。暴雨常常引起洪涝发生，但洪涝陡降陡落，持续时间有限，多为 1~2 天。

寒潮。流域内寒潮有春寒、夏寒、秋寒之分。春寒，俗称"倒春寒"，多发生在 3 月中旬至 4 月初，日均降温达到 10 ℃；夏寒，也称为"五月寒"，一般发生在 5 月中下旬，日均温下降至 20 ℃ 以下；秋寒，也称"寒露风"，一般发生在 9 月中下旬，日均温等于或小于 20 ℃。

冰雹。为流域内破坏性较大的地域性天气现象，大多出现在春夏之间，全县平均每年出现 1.3 次。一般冰雹直径在 5 毫米以下，最大直径达 30 毫米（1991 年）。冰雹呈带状或块状分布。

旱灾。流域内旱灾时常发生，旱灾时间一般持续 30 天左右。

三、流域水资源供需测算

近年来，随着经济的发展和交通运输设施的不断完善，坪坦河流域沿线农村的基础设施状况得到了较大的改观，极大地带动了流域内经济的发展。但与此同时，沿线各地对水资源的需求量日益增加。当

---

① 湖南省通道侗族自治县县志编纂委员会. 通道县志[M]. 北京：民族出版社，1999：79-80.

地侗族人祖祖辈辈置身其中，以其山区农耕文化所特有的生态智慧和生产技术构建的与自然环境和谐共生的局面在当代经济社会发展下是否具有调适性、可持续性是当地政府部门比较担忧的问题。基于检验其生态智慧的调适性这一目的，我们对流域水资源供需情况进行了测算，这对该流域合理开发配置水资源、维持当地生态环境平衡的可持续发展有着重要的意义。

（一）流域水资源总量估算

1. 估算依据

目前，坪坦河流域内无水文测站，也未建调蓄作用的大中型水利工程。因此，这里对流域水资源量的分析主要根据相关资料进行概算，主要概算依据有：① 国家气象信息中心、中国气象科学数据共享服务中心发布的《中国地面国际交换站气候标准值月值数据集（1971—2010年）》中的降雨数据（网址为 http://cdc.cma.gov.cn/home.do）。② 通道水文站对渠水的实测资料。通道水文站位于东经 108°38′，北纬 29°19′，是国家基本水文站，也是渠水流域重要的水文控制站，有着自 1959 年设站以来较为完整的实测数据。

2. 地表径流量测算

通道境内多年年平均降水量 29.23 亿米^3，其中约有 13.23 亿米^{3}的水量通过陆面、水面蒸发和植物蒸腾作用返回大气中，因此，只有约 16 亿米^{3}的水量由大小溪河汇集成河川径流或形成地下水。据通道县水文资料统计，境内多年平均地表径流量为 15.76 亿米^3，县域总面积 2225.4 千米^2，因此，可计算得到全县平均产水模数约为每年每平方千米 70.79 万米^3。但实际上加上相邻的贵州黎平，广西龙胜、三江和本省的靖州、城步、绥宁等县汇入县内的客水 20.35 亿米^3，全县河川径流总量约为 36.11 亿米^3。研究区域坪坦河流域处于长江水系和珠江水系的分水岭，无大的客水入境，因此可以估算坪坦河流域地表水资源量为 0.65 亿米^3，约占全县地表水资源总量的 4.12%。但需要说明的是，通道境内地表复杂，降水存在地域差异，地表径流量也存在较大的地域差异，并且年内径流量分配不均，年际变化较大。

3. 地下水资源量测算

经怀化市水利水电勘测设计研究院地质调查资料显示，坪坦河流域地下水主要为基岩裂隙水和碳酸盐岩类裂隙水两种类型，此类地下水径流模数为 6.868 ~ 6.607 升/千米²·秒，下渗系数为 0.375 ~ 0.243，因此可以估算坪坦河流域地下水资源量为 0.044 亿米³。通道境内多年平均地下水补给量为 2.04 亿米³，坪坦河流域约占全县地下水总量的 2.16%，地下水资源较为贫乏。

4. 水资源总量

坪坦河流域地表水资源量为 0.65 亿米³，地下水资源量为 0.044 亿米³。如果不考虑重复的水量，流域水资源总量约为 0.7 亿米³，约占全县水资源总量的 4.44%。

5. 水资源可利用量

流域水资源通过河道生态需水、管渠下渗入地下水、农作物的吸引和蒸腾作用等方式循环流动（图 4-2），其主要排泄途径有两条：一是通过地表植被蒸腾作用蒸发到大气中；二是通过潜水蒸发、地表水面蒸发消耗，流入下游的水可以通过工程措施控制开发利用。

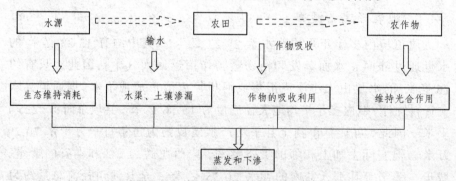

图 4-2 坪坦河流域水资源转换
图片来源：作者根据相关资料自绘

因此，坪坦河水资源可利用量是指扣除了维持生态环境用水和水资源总量中部分不能或难以控制的水资源量后，人类可以利用的最大水量。由于该流域地表和地下水转换频繁，不需单独计算地表水可利用量和地下水的可利用量，可直接估算水资源可利用量，即水资源可利用量=总水资源量-生态需水量，其中生态需水量包括河道内生态需水和河道外生态需水，河道内生态需水量主要是维持渗补给和污染自净的要求；河道外生态需水主要指除农业生产之外的植被需水，包括天然植被和人工植被。根据同类自然环境状态下（贵州省印江县坪底河）生态需水量的经验系数，可推算坪坦河每年生态需水量约为 0.21 亿立方米，可利用量为 0.47 亿立方米，理论可利用率约为 44.7%。国际上一般认为，一条河流的合理开发利用限度为 40%。

（二）流域水资源需求分析

坪坦河流域水资源利用以农业生产为主，流域内双江、陇城、黄土、坪坦 4 乡镇常用耕地面积 2798.13 公顷，其中水田 2656.24 公顷，旱地 141.89 公顷，无水浇地，其中水田面积约占 94.9%，旱地面积仅占 5.1%（表 4-2）。

表 4-2　坪坦河流域耕地面积　　　（单位：公顷）

名称	耕地	分类	
		水田	旱地
双江镇	1014.01	954.03	59.98
陇城镇	783.69	749.48	34.21
黄土乡	399.52	383.33	16.19
坪坦乡	600.91	569.40	31.51
合计	2798.13	2656.24	141.89

资料来源：《通道县统计年鉴（2017）》

目前流域内未建能起调蓄作用的大中型水利工程，长期以来，这里的水田主要采用山冲水自流灌溉。黄土、坪坦两乡的 12 个行政村，共投资 400 多万元实施农业综合开发，修建小型拦河（溪）坝 7 座，衬砌渠道 39.5 千米，开始向高处引水灌溉（表 4-3）。

自 2011 年开始，流域大力调整第一产业内部结构，传统种植业地位逐渐下降，林业、畜牧业、渔业地位逐年提升。8 年时间内，种植业大致下降了 2.72 个百分点。此外，种植业内部也在进行结构调整，粮食作物播种面积逐年下降，经济作物和其他农作物播种面积逐年提高，因此，随着产业结构的调整，用水结构也在进行调整，用水效率提高。

表 4-3 坪坦河流域水域及水利设施面积 （单位：公顷）

区域名称	水域及水利设施用地	分类					
		河流水面	水库水面	坑塘水面	内陆滩涂	沟渠	水工建筑用地
双江镇	204.09	117.39	4.68	15.80	16.71	49.51	0.00
陇城镇	73.94	13.36	10.32	4.97	1.85	43.22	0.22
黄土乡	72.65	32.54	0.00	8.93	3.26	27.92	0.00
坪坦乡	95.91	34.75	1.58	9.42	2.98	47.18	0.00

资料来源：《通道县统计年鉴（2017）》

（三）水资源供需平衡分析

根据流域人口和社会经济指标、工程供水能力和各种定额指标计算其供水量和需水量，其中农村生活用水（包括牲畜饮水）需水定额统一按每人每天 35 升，大牲畜每头每天 40 升，小牲畜每只每天 12 升计。

1. 需水量

全流域总需水量 0.73 亿米³，其中农业需水量 0.29 亿米³，占总需水量的 39.7%；设施农业需水量 0.03 亿米³，占总需水量的 4.1%；城镇生活需水量（包括村寨旅游业）0.12 亿米³，占总需水量的 16.4%；农村生活需水量（包括牲畜用水）0.08 亿米³，占总需水量的 11%；生态环境需水量 0.21 亿米³，占总需水量的 28.8%。

2. 可供水量

可供水量采用不同频率组合法估算，经估算，坪坦河流域 50%、75%、95%三种保证率的可供水量分别为 0.61 亿米³、0.57 亿米³和 0.54 亿米³，其中地表水可供水量分别为 0.59 亿米³、0.54 亿米³和 0.50 亿米³，分别占流域相应保证率可供水量的 96.7%、94.7%和 92.6%。

3. 供需平衡

供需平衡后，坪坦河流域三种不同保证率 50%、75% 和 95%的缺水量分别为 0.12 亿米³、0.16 亿米³ 和 0.19 亿米³，缺水率（缺水量与需水量之比）分别为 16.4%、21.9% 和 26%。

从上面分析可以看出，坪坦河流域三种不同保证率 50%、75% 和95% 的缺水率分别达到 16.4%、21.9% 和 26%，因此流域水资源可持续利用必须调整农业内部结构，提高用水效率。水资源作为一种最重要的资源类型，其特点是在一定利用限度和时空范围内可以更新，利用过程中水质会发生变化。水资源供给能力制约着区域的农业发展，维系着农业生态系统及链式安全生产，对作物生产起着决定性作用。水资源的可持续性利用是区域可持续性发展的前提和保障，已成为水文和水资源领域的研究重点。当前该流域对水资源利用意识还不高，因此，需要从水资源开发和保护出发，建议设置水文站和水资源管理机构，对坪坦河流域水资源利用进行统一规划、统一管理、统一调配，制订中远期用水规划，建立合理的水质监控机制，彻底打破和遏制管理失控的用水现象，实现社会对水资源合理、高效的开发利用，形成节水和保护水资源的良好风气。

四、传统聚落的水生态实践

传统聚落的形成和发展很容易被解释成自发性的，但真实的情况是：从聚落的基本形态以及构成基本形态的诸要素（居住和公共设施等）排列组合所决定的这种聚落形态，使人认为不过是偶发形成的细枝末节，实际上是经过人地关系精密设计的结果①。人类聚居在一起的地理空间即为聚落。聚落与遗迹最大的不同在于，聚落在如今仍然拥有生命力。人类聚居在一起的目的就是为了整合群体的力量，提高生存能力，避免无序竞争，是人类进化的文明成果和智慧结晶。这里主要从聚落选址、聚落布局、聚落水系等层面进行重点调查和分析。

（一）聚落选址：背山面水

整个坪坦河流域处在华南丘陵向云贵高原过渡的狭长山地，区内

---

① 原广司. 世界聚落的教示：100[M]. 于天炜，译. 北京：中国建筑工业出版社，2003：8.

地形地势兼有高原与丘陵两种特质，海拔从 2000 米到 300 余米不等。坪坦河流域地形表现为低中山与丘陵交汇相间，区内群山起伏，溪涧潺潺，山峦之间多有盆地和谷地，农耕生活区域较为平坦。坪坦河流域各侗寨沿着坪坦河两侧依山傍水而建。侗民族在聚落选址上非常讲究风水，民居聚落不论平原、丘陵、山地、河谷等自然环境条件如何变化，皆能一切因地、因时、因材、因人制宜，选择宜居环境，适应所处环境，改造不利环境，体现了人与自然相互依存的人居环境观，以及"天人合一"的择居自然观和环境观。

按照中国传统理念，村寨选址必须遵循"风水"环境。村落风水的基本模式就是后有靠山，前有流水，聚落布局与周边的山势水形构成完整和谐的景观。如清朝姚延銮在《阳宅集成》一书所述："阳宅须择地形，背山面水称人心，山有来龙昂秀发，水须围抱作环形……水口收藏积万金。"坪坦河流域侗寨基本符合这种好风水的特征。这些侗寨所依之山都是来龙悠远，起伏蜿蜒，当地人认为山能够给村子带来"生气"。山脉与溪涧、坝子的接合部犹如一条巨龙低头饮水，而侗寨就建在龙头处，名曰"坐龙嘴"。为了"得风藏气"，各侗寨都在靠山上植有风水林，而在坪坦河蜿蜒离村处修建风雨桥以关锁水口。这些风雨桥有留住水气、防止财源流走的寓意。

因为整体上要"以水为向，以山为座"，所以各侗寨在坐向上依山势水形而不拘一格，既可以坐东朝西，也可坐南朝北；或坐西朝东，亦或坐北朝南，不一而足。但从寨子与山、水相依的位置来看，坪坦河流域侗寨可以分为山麓河岸型、平坝望山型、山脊隘口型等三种聚落类型（图 4-3）。

其中，山麓河岸型侗寨主要位于两大龙脉之间狭长的河谷地带。因为山与溪涧很近，所以寨子只能建在山与河谷相连的平缓坡地上。这种方式可以尽可能地利用溪涧两岸的沃土，以确保水稻种植所需的土地资源。这些寨子内部结构非常紧凑，寨子背靠山，寨前环绕一片肥沃的农田，农田前则是溪涧蜿蜒而去。典型的如阳烂寨（图 4-4）、陇城下宅（图 4-5）、中步寨和高步寨，均属于山麓河岸型。

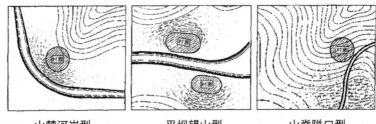

山麓河岸型　　　　　平坝望山型　　　　　山脊隘口型

图 4-3　坪坦河流域三种聚落类型

资料来源：程艳《侗族传统建筑及其文化内涵解析——以贵州、广西为重点》[①]

图 4-4　阳烂侗寨下寨山麓河岸型选址

图片来源：课题组拍摄

图 4-5　陇城下宅山麓河岸型选址

图片来源：课题组拍摄

---

① 程艳. 侗族传统建筑及其文化内涵解析——以贵州、广西为重点[D]. 重庆：重庆大学建筑城规学院，2004.

　　平坝望山型侗寨选址于河谷宽展地带，由于地势平缓，视线开阔，寨子一般规模较大，能达到两三百户。又由于缺少山势的庇护，寨子周围往往会修建围墙。平坝望山型以坪坦寨和横岭寨最为典型。坪坦寨和横岭寨位于坪坦河中段，这里河床宽阔，蜿蜒曲折。经过数百万年的地质运动和溪涧冲蚀，坪坦河与逐渐低缓的群山斜坡之间形成了非常开阔的河谷盆地，当地人称为"平坝"。坪坦寨和横岭寨就建在坝子靠水的一侧，依水而建，远望群山，故称为"平坝望山型"聚落。以坪坦寨为例，在东面的"钟山"和西面的"庙山"之间，整个狭长的坝子犹如"两山夹一水"，坪坦寨则犹如撒在"水"（即坝子）上的一张"网"，与山水融为一体（图 4-6）。

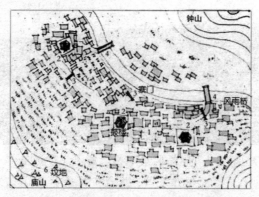

图 4-6　坪坦寨平坝望山型村落选址
图片来源：作者据通道县民宗局资料编绘

　　横跨在坪坦河上的"普济桥"好像一根"杠杆"，挑着来自钟、庙两山龙脉传来的"风水"。住在坪坦寨，就好像是在网中取物，"藏风聚气"，因此，坪坦寨这块风水宝地曾一度成为坪坦河上重要的商贸中心，吸引了大批南来北往的商人定居，如寨中的肖、黄、梁、银等姓氏。坪坦寨当地广为流传的俗语："坪坦下来两条溪，你想带走，先脱裤子后脱衣。"寓意在坪坦寨这张"网"中可以发财，但不可以带走。因为，一旦离开这片风水地的庇佑，则财物不保（图 4-7）。

　　山脊隘口型的寨子处于两山相夹的隘口，在陡峭的山脊上修建住宅。山脊隘口往往是山泉汇集成涧涌向溪流的水源处，因此，山脚下溪涧流经之地适合被开辟为农田，农田两边的高坡可以被改造为旱地。山脊隘口型村寨中民居建筑多按山势高低，从上而下呈等高线展开建造。这一类型的寨子地势高，通风、光线条件都比较好，有着比较好的居住舒适度，但进行农耕生产的条件相对更艰苦。坪坦河芋头侗寨的上寨与中寨部分就是山脊隘口型的寨子，其因地势高而陡峭，故享有侗族的"布达拉宫"之美誉（图4-8）。

图 4-7　坪坦侗寨平坝望山型选址

图片来源：课题组拍摄

图 4-8　芋头侗寨的上寨与中寨山脊隘口型选址

图片来源：课题组拍摄

总体来看，无论哪种布局形态，都是侗族村寨布局严格遵循"与地形相合，顺应自然"的原则产生的结果，形成了相对灵活的布局形式，是营造"天人合一"居住环境的表现，对场地中山体、水系等生态环境保护具有积极意义。

（二）聚落布局：圈层结构

德国农业经济学家约翰·冯·杜能（Johan Heinrich von Thunnen，1783—1850）于 1826 年出版了《孤立国同农业和国民经济之关系》一书，首次系统地阐述了农业区位理论的思想。作为农业区位理论的开山之作，杜能的农业区位理论同时也是影响最大、最主要的农业区位理论。在该理论中，农业生产方式的空间配置，一般是在城市近处种植相对笨重、体积大的作物，或者是生产易腐烂或必须在新鲜时消费的产品。随着与城市距离的增加，种植相对于农产品的价格而言运费低的作物。在城市的周围，将形成在某一圈层以某一种农作物为主的同心圆结构。因种植作物的不同，农业的全部形态也随之变化，人们将能在各圈层中观察到各种各样的农业组织形式。以城市为中心，由里向外依次为自由式农业、林业、轮作式农业、谷草式农业、三圃式农业、畜牧业这样的同心圆结构（图 4-9）①。

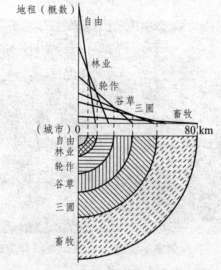

图 4-9　农业区位论中的同心圆结构

图片来源：百度百科"杜能农业区位论"

---

① 张明龙，周剑勇，刘娜. 杜能农业区位论研究[J]. 浙江师范大学学报（社会科学版），2014，39（5）：95-100.

　　无独有偶，我们在调查坪坦河流域侗寨聚落布局时，认为这种类似农业区位论中的同心圆结构在侗寨聚落形态上同样存在。尽管这些世代居住在大山里的侗族居民和德国农业经济学家杜能没有任何交集，但这种同心圆结构仍客观存在。坪坦河流域侗寨聚落空间从鼓楼、家房到坟地形成不同层次的空间划分，同时也象征着不同的文化功能：

　　第一层次的聚落空间是以鼓楼为中心的父系血缘共同体的聚居范围。鼓楼在侗语中也叫"堂卡"或"堂瓦"，常分为多柱和独柱两种类型。但不论何种类型，其顶层均置放齐心鼓，故人们称之为鼓楼。鼓楼是侗族人政治、文化以及社会活动的中心，几乎每个侗寨都有鼓楼。鼓楼是侗寨的中心，寨子以鼓楼为中心向外辐射，宗族团团而居。鼓楼通常也是寨中家族的标志，如果一个村寨建造了一座鼓楼，可以初步推断这个寨子里生活的人都是同一姓氏的或者同一姓氏的人占了绝大多数；而如果有多个高低不等的鼓楼，则可以推测这是一个较大的侗寨，有多个不同血亲的宗族聚居于此。鼓楼还象征着一种权威，侗寨中的所有公共建筑如萨坛、戏台、民居、凉亭等都如众星拱月般烘托着鼓楼，寨中大小建筑，无论所属都不得高于鼓楼的高度。正如侗族古歌所述："未曾立寨先建楼，砌石为坛敬圣母，鼓楼心脏做枢纽，富贵光明有根由。"在坪坦河流域，同一父系家族的成员都围绕着鼓楼修建家屋。由于地形地势复杂，各家屋在朝向上不能处同一方位，但就整座房子的相对位置看，都必须以鼓楼为中心。

　　第二层次的聚落空间是家屋，也是侗寨最基本的聚落空间单元。家屋不仅是生产与消费的空间，而且是繁衍父系家庭的空间，因此，家屋的空间是私人的，也是非开放的。在坪坦河流域，各寨内部家屋与家屋一般不相连，而是由道路、鱼塘和水沟隔离，各家屋所有权的边界非常清晰，错落其间的道路、鱼塘和水沟可以防止一家失火而殃及邻居。

　　第三层次的聚落空间是村寨公共建筑。侗族村寨公共建筑主要有寨门、风雨桥、戏台、古井、萨坛等，此外还存有其他一些与宗教祭祀、先祖祭祀相关的公共建筑，如飞山宫、南岳宫、城隍庙、祠堂等。寨门是侗寨边界构成要素中的重要节点，它是一个村寨的出入口，是村寨内外空间沟通与过渡的"阀门"，通常设置在村寨的主要道路上，最初是以围筑土垒或栅栏的简单方式成为村寨防卫的重点，而后逐步发展为干栏式木构建筑形式。随着其结构外形的发展变化，寨门的基本功能由最初的简单防御、信息传递节点进一步转化为意念上加强聚落群体的地域识别性和民族凝聚力。侗族村寨地处丘陵地区，地形崎岖，在远古时期，只能用大块的石头或树木放在河流溪水之上，便于行人通行或运送货物。由于各民族文化的融合，建桥技术传入侗寨之后，侗族人很好地利用了当地丰富的林木资源，对风雨桥进行托架简梁式改建。这种类型的桥梁比较适应南方多雨水的天气，整个风雨桥上都建有长廊亭阁用来遮挡风雨。从某种意义上来说，当地独特的气候特点促进了风雨桥的发展和延续。由于侗民对侗戏的喜爱和重视，戏台成为村寨中较重要的公共建筑。有的戏台与村寨中心广场同时出现，位于鼓楼附近，成为村寨主要的社交活动场所。考察侗寨中保存有多个戏台，各戏台多位于村寨的中心位置，足见当地居民对戏台的重视。萨坛作为侗族民间信仰中最重要的萨崇拜活动核心场所，是一个充满神性的空间。侗族每个村寨都设有萨坛来祭祀萨。萨是侗族人崇拜的祖母神，自古以来，凡新建村寨，都需由地理先生占卜来选择萨坛设置的吉地。

第四层次的聚落空间是耕地和林地空间。村寨之外是一片水稻耕地、旱地或林地，错综复杂的田间小道和连接山脊的引水渠及灌溉渠斑驳夹杂其间。林地在当地更多地被称为"风水林"。侗民特别注重对村寨边界山林的营建与维护，在土地、空间有限的情况下，实施高效利用资源，施行复合林业的生产方式。山林主要由杉木、马尾松等高大乔木组成，林下普遍种植水果、茶叶、果树等经济作物，山林、耕地面积要远大于村寨。稻田、村寨、房屋、靠山和水流，形成一幅和谐的"自然风光图"。

第五层次的聚落空间是坟地。坟地是祖先死后的"居所"，代表了村寨父系家族人口繁衍的历史，与聚落的发展息息相关。坟地一般位于耕地之外，常常是祖先们生前请地理先生经过精心挑选确定的一块风水宝地。坟地的结构犹如村寨，同一个鼓楼（或补拉）的族人往往相对集中地葬在一起。

需要强调的是，对侗族聚落空间层次加以划分仅仅是出于研究的需要。实质上，若要模式化地定义侗族聚落的结构形态是件很困难的事情。因为，侗族聚落毕竟不是城堡，没有城墙式的边界，聚落与聚落之间道路相通，田地相连。聚落空间的边界常常是环绕的溪流、起伏的山脉、灌溉农田的沟渠或一条田埂小道等物质性的要素。侗族人在他们认为的边界处立一个寨门或修一座风雨桥，用以宣示村寨边界的精神性要素。在这些物质的和精神的边界之内，一切人造的构筑物都对聚落的存在具有某种文化象征的意义。

（三）聚落水系：疏池理水

绝大部分侗族村寨位于有河流、泉水处，寨内多营建水井、水塘，它们共同构成侗族村寨"点—线—面"结合的水系布局，形成每寨有井泉、溪流穿寨过、家家有水池、巷巷有水沟的"点线面"与动静结合的水体景观布局，也形成了天然的给排水与净水系统。

1. 井水

侗寨的饮用水只有井水。因此，侗寨中分布了数量较多的水井。侗寨的村边路旁到处可见山泉水井，水井附近多种植形如伞盖的常青乔木，或修造厅阁遮阴，因此树往往成为泉井的标志。侗家人对水井的外观十分讲究，往往要精心修饰一番，村寨共同饮用的水井更是修建得十分别致，井底铺巨石板，四周围以光滑的石板，形成一个四方水池，上面盖石板，仅留三分之一的空隙汲水。井水清悠，长流不断，即使盛夏酷暑，井水也是清凉甘甜，饮上一口，沁人心脾。泉井常结合小塘、小溪或农田布置，以供泉水的溢排与蓄积，有效利用水资源。出水量较大的泉井在规划设计上特别注重水资源的多级利用，第一级井用于取用饮用水，第二级井用于清洗食用品，第三级井用于洗涤衣物。三级井用溢水口连接，形成天然的给排水设施，体现了有效利用水资源的思想。

2. 沟渠

侗寨的沟渠一般宽度较窄且成体系，水系环抱村寨，形成环形水流。有的地区有河流穿村寨而过，建筑沿水分布。侗族先民为了抬高水面，维持河道水生态环境，常在河床中设置石阶，河道两边植被丰富，种有女贞、醉鱼草、美人蕉等，有一定的防洪缓冲功能，也能提高污水的自净能力，一定程度上提高了河流生态系统的生物多样性。

图 4-10　坪坦河流域的侗寨水井
图片来源：课题组拍摄

3. 鱼塘

由于侗寨主要的建筑材料是木材，而且数百人甚至数千人聚集在一起，其内部的最大危险在于"火灾"。一旦某家失火，则整个侗寨可能成为一个焚烧场。因此，出于消防安全的考虑，侗族聚落内部有一套防火的机制。其中，寨内众多的鱼塘就是重要的防火设施之一，这些鱼塘不仅是为了养鱼，还是侗寨地下排水系统的重要组成部分，起到过滤生活废水的作用，同时还起到了重要的消防用水的功能。水塘中还建有木质的小顶，据当地居民介绍，主要是在酷暑时为水中鱼类遮挡烈日之用。

4. 引水竹筒

侗族人们还善用各式竹子做成引水管道，从水源地引水的距离往往有一两千米，侗族居民每隔几百米会挖一个蓄水池，利用泥沙的重量过滤水中的杂质，达到净化水质的目的。灌溉用的水车、舂米用的水力车这类日常生活设施几乎都是巧夺天工，因地就势而建，与自然融为一体。芋头侗寨的泉水多位于上寨的山谷和山崖上，寨内大部分民居采取"竹筒分水法",将源头清澈干净的泉水引入自家,这是生活用水的主要来源。

图 4-11 芋头侗寨民居间的鱼塘
图片来源:课题组拍摄

　　总体上来看,坪坦河流域侗族在水系循环的基础上,因地制宜形成了宏观、中观和微观的多层次集排水系统,主要表现在:第一,聚落整体与周边山林、农田原野的大山水格局关系;第二,聚落内部水循环系统,坪坦河和村落的鱼塘、水井、沟渠等广场道路排蓄水系统;第三,庭院与建筑内部微小循环的集排水系统(图 4-12)。可以看到,坪坦河在整个水系中处于中心位置,作为该流域生产生活主要水资源,能满足村民日常用水、农田灌溉、防灾避险等需求。这一套从整体到局部、从点到面不同的水循环系统有条不紊,环环相扣,构成了传统村落系统性、生态性的完整理水系统。

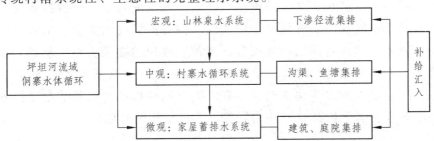

图 4-12 坪坦河流域水循环系统
图片来源:作者自绘

五、传统聚落的水生态智慧

坪坦河流域侗寨的水生态智慧主要体现在水源涵养、蓄水系统、排水系统、自净系统和水生态经济等方面。

（一）择水而居的选址智慧

坪坦河流域的侗族村寨清雅、恬静，大多坐落在河谷盆地、低山坝子、山麓缓坡台地或山泉较为充足的半山隘口地带，前有溪河，后有青山。幽雅清新的自然环境的熏陶形成了侗家人崇尚秀美、和谐美的审美情趣。从坪坦河流域侗寨的三种基本选址类型来看，它们都具有一个共同的特点，那就是尽可能地背山面水，符合理想的聚落选址标准（图 4-13）。

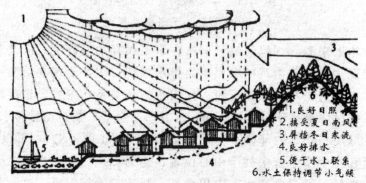

图 4-13　理想的聚落选址
图片来源：《风水理论研究》[1]

村落依山傍水，高大的山体可以阻挡冬季的寒流，开阔的水面空间有利于空气环流，降低夏季的气温。侗寨前后的山梁上、出入寨门的山梁上或出入寨门的山坳两旁，大都有成片的参天古树，侗家人称之为"风水林"。这些树像一道道绿色的围墙，将村落紧紧地围在其中。这种生态选址理念为建筑与自然界之间形成良性的物质和能量交换创造了条件，也为侗寨自身的发展打下了最坚实的基础。

① 王其亨. 风水理论研究[M]. 天津：天津大学出版社，1992：26-28

（二）海绵特征的蓄排智慧

坪坦河侗寨均依溪而建，引溪流建水渠，水渠如网连接各家各户。修建大小街巷，大多以石板道路连接各家各户，水渠网与石板街巷网相随相济，有用水清洁、防火与行走之便，更有海绵特征的蓄排智慧。坪坦河侗寨凭借村落自然地势，形成总体上自北向南的水流之势。一般在村落水井形成水口，通过沟渠引入至人工挖掘的层层跌落的鱼塘，将井水进行集中储蓄，满足村落居民的生产生活需求。在干旱季节，水井和鱼塘发挥其蓄水功能；洪涝季节则起到泄洪和排水的作用，从而调节满足村民生产生活用水之需。由于水井泉水的不断注入，池塘成为"源头活水"，池塘之间水不断流动，因此整个池塘水质比较清洁。同时，水塘在挖掘设计上也是大致沿等高线层层跌落，对景观用水起到了层层净化的作用。加上塘岸水生植物的种植、鱼蛙放养等生物净化作用，水质一直保持良好。最后，这些水通过排水沟渠流回到坪坦河，或流向地势低处的农田，形成一条完整而流畅的蓄排水系。

（三）动静交替的水景智慧

水系在侗族村寨中除了有蓄排功能以外，还有环境美化的水景观功能。侗寨中水环境布局特点是水系丰富，动静交替。侗寨大多依山傍水，寨内有溪水、泉水及水塘。溪水和泉水属于动水，水塘属于静水。溪水穿寨而过，纵横于民居间，时而与道路平行，时而隐于路下，时而从民居中穿过，灵动逶迤，清澈欢快，与两岸的民居建筑交相辉映，相映成趣。泉水位于上寨的山谷和山崖上，寨内大部分民居采取"竹筒分水法"，将源头清澈干净的泉水引入自家，是生活用水的主要来源。大小不一、形态各异的水塘等静水水景密布于民居之间，还有散落在民居间的古井，与溪水一起形成"点—线—面"的水环境系统。

（四）风生水起的水运经济

坪坦河是沅水支流渠水的东南源，于通道双江镇汇入渠水东源通道河。坪坦河从古代至 20 世纪 60 年代，一直是沅水水系与珠江水系连接的重要水路运输通道。它上游的坪坦侗寨码头与珠江支流榕江东北源林溪河上游的林溪侗寨码头是两水水运的终点码头。两码头相距10余千米，有古驿道通达，道路比较平缓，步行3~4小时即可到达，人力转运比较便利快捷。所以，坪坦河自古就是中原经沅水到岭南的重要通道之一，尤其是沅水流域大米南运和珠江海盐北运的水陆商贸物流的交通要道。商贸水陆物流促成了坪坦河流域侗寨经济、文化的发展繁荣。而坪坦河像链条一样，把这些珍珠般的侗寨连成一个有机的商贸、物流与文化链条，使链条上各侗寨的人们通过水系进行信息沟通和商贸往来。

第五章 传统聚落的营建智慧

侗寨村寨选址、空间形态、肌理格局、民居建筑等空间营建中都凝聚着乡土智慧的结晶。当今社会发展速度快，古人的营建技术难以适应快速变化的时代，只有意识维度上的核心思想及智慧才能应对多元时代的变化和发展需求，为后人在城乡建设中提供更持久和更有价值的指导作用。本章在前人研究的基础上，侧重挖掘隐藏在村落景观表象下深层次的生态思想及智慧内涵，探讨其对我国城乡生态建设的持久的指导意义。

一、总体概况

坦坪河流域地处湘、桂、黔三省区交界处，南毗广西三江、龙胜，西连贵州黎平，自然地理环境独特，受外界干扰程度相对较低。该区域侗族聚落数量较多，保存相对完好，具有较高的研究价值。

（一）重点勘察对象

重点勘察该区域内被列入中国世界文化遗产预备名单的芋头、横岭、坪坦、高步、阳烂、中步6个侗寨（见表5-1）。这6个侗寨以坪坦河为纽带，集中连片分布，有机和谐地组合成了一条线型文化遗产走廊。

表 5-1 研究对象及主要特点

村落名称	主要特点
芋头侗寨	全寨 184 户，村民 868 人，分为上寨、中寨、下寨三寨，共 7 个自然聚居点，以芋头溪为主线，自然聚居点沿溪两岸分布，从溪边开始，依山势而建，形成以宗族、家族、姓氏等为纽带的居住群落。其中中寨、下寨建于芋头溪两岸与山脚交接的台地上，属山麓沿河型布局；上寨建于芋头溪北面的山脊上，属山脊型布局。芋头侗寨共建有鼓楼 4 座，有风雨桥、门楼、萨坛、芦笙场、井亭、会馆、青石驿道等公共建筑
横岭侗寨	全寨 326 户，村民 1392 人。坐落于坪坦河畔，群山之下，属山麓沿河型布局。大部分民居集中建于村级公路东侧紧靠坪坦河的坝子上，建筑布局密集，吊脚楼鳞次栉比。少部分民居沿村级公路建于山谷之间。全寨建有鼓楼 4 座、庙宇 3 座、寨门 3 座、戏台 1 座
坪坦侗寨	全村 236 户，村民 1093 人。位于坪坦河畔，属平坝型侗寨，整个寨子分成 5 个组团，中心组团最大，公共建筑集中建于此。其他 4 个组团紧紧围绕着中心组团，寨内民居建筑排列密集但井然有序。寨内共有吊脚楼 236 栋、古水井 4 处、鼓楼 3 座、古萨坛 1 处、古树 11 株、古石板道 1 条、古飞山宫 2 处、古孔庙 1 座、古南岳庙 1 座、古城隍庙 1 庙、李王庙遗址 1 处、雷祖庙遗址 1 处、风雨桥 1 座。寨子周边为约 33 公顷坝田，坝田四周为山林，栽植有松、杉、茶、竹混交林
阳烂侗寨	全村 141 户，村民 606 余人。属于典型的依山傍水型侗寨，寨前坪坦河由西向东绕寨而过，隔河是一片约 3.3 公顷的水田。寨后山上为油茶林地，后山有龙、杨两姓的宗族墓地，寨子四周茶、松、杉、竹等树木竹林郁郁葱葱。民居分布于油茶林地和坪坦河之间的缓坡地上，层层递进，梯级而上。寨内有民居 141 栋、古井 4 口、古驿道 1 条、石板路 5 条、鼓楼 2 座、风雨桥 1 座、戏台 1 座、碑廊 1 处

续表

村落名称	主要特点
高步侗寨	全村 507 户，2500 余人。由高升村、高上村、克中村组成，其中高上村民居沿河流呈带状布局，属沿河型布局。民居与河流之间是大片平坦的稻田。高升村则依山而建立，与高上村之间形成一条街道，属山麓型布局。克中村与高上村沿河相对，依地势自然分成 3 个组团。3 个村既有自然界线，又相互联系，整体协调，浑然天成。高步侗寨有古民居 141 栋、古水井 6 口、古墓群 1 处、青石板古驿道 2 条、萨坛 1 处、鼓楼 6 座、花桥 5 座（其中永福桥和回福桥 2006 年 5 月被批准为国家文物重点保护单位）、戏台 2 座、社王祠 1 座、七子太公庙 1 座、飞山宫 1 座、南岳庙 1 座、香岭求子庙 1 座、古石碑 20 块、村口古树 3 棵
中步侗寨	全村 192 户，820 余人。中步侗寨分成 5 个自然村，均沿着县道分布于山脚之下，陇梓河绕着村子缓缓地流淌。其中大寨属山麓型布局形式，民居布局紧凑，依山傍水而建，从对面的公路上极目远望，可见栋栋吊脚楼依山分布，重重叠叠，错落有致。其他 4 个村寨规模较小，分布较散，民居主要建于山谷坡地上。全村有鼓楼戏台 4 座、风雨桥（福桥）3 座、古井 3 处、寨门 2 座、萨坛 1 座、石板古道 4 条、古墓群 4 处、古宗教建筑遗址 7 处、寺庙 2 座、古风水树 23 棵

资料来源：实地调查资料、通道县申遗办、通道县旅发委提供材料

（二）民居主要特点

从宏观上来看，坪坦河流域传统民居具有"背山面水"的聚落选址和"相地而生"的自然适应两大主要特色。

首先是"背山面水"的聚落选址特点。侗寨内民居和古建筑布局讲究，大多背山面水、向阳因地形而建。侗寨选址的依据，来源于长久以来侗族人对自然现象的超自然式的朴素认知，以及对地貌地形的崇拜意识。侗族居民多是在山地中立寨，立寨之地往往有一条小溪流穿越山地中的平缓谷地。这种地势侗族居民称之为"坝子"。侗族的村

寨大多立于"坝子"的周边地带，当地居民称之为"坐龙嘴"。蜿蜒的山脉谓之龙脉，龙脉止于坝子，称为"龙头"。龙头之后的龙脉具有很强的锐气，居民为保村寨之平安，在龙脉上种植"风水林"，以挡住过强的气势。族人们按照宗族分布，居住于设在龙头前平缓坡地上的建筑中。侗族村寨的选址一般分为山麓河岸型、平坝望山型、山脊隘口型 3 种聚落类型。

其次是"相地而生"的自然适应特点。经过对芋头、横岭、坪坦、高步、阳烂、中步 6 个传统侗寨的实地田野调查，我们发现坪坦河流域的侗族民居结构主要分为 2 种大类型：干栏式与地面式（图 5-1）。

图 5-1 坪坦河流域民居结构特点

（左为干栏式，芋头侗寨四组 16 号民居；右为地面式，中步侗寨七组 18 号民居）

图片来源：课题组拍摄

在实地调查中我们发现，地势陡峭狭窄或邻近水源湖泽的区域多选用干栏式，地势平坦开阔、远离水源的区域多用地面式建筑，民居结构的选择受地形制约。整个坪坦河流域的侗寨绝大多数依山傍水而建，故坪坦河流域侗寨民居的建筑形式上以干栏式建筑为主。无论哪种地形，其民居建筑方式的选择都具有灵活性，无论干栏式建筑还是地面式建筑都凝聚了侗族人民的智慧与对大自然的无限崇敬。其建筑的构造方式大同小异。

二、聚落营建特征

这里对课题组重点勘察的芋头、横岭、坪坦、高步、阳烂、中步等 6 个侗寨聚落平面布局特点进行分析，这 6 个侗寨的平面布局特点在坪坦河流域诸多侗寨中具有较强的代表性，形成了以宗族、家族、姓氏等为纽带的居住群落。这些侗寨布局大多讲究传统风水，依山傍水，避风向阳，因地制宜，具有较强的生态审美和生态智慧，这里从北往南逐一进行分析。

（一）芋头侗寨

芋头侗寨共 184 户，村民 868 人，分为上寨、中寨、下寨三寨，共 7 个自然聚居点，以芋头溪为主线，自然聚居点沿溪两岸分布，其布局特点主要有：

1. 民居分布"相地而生"

芋头侗寨地势西高东低，其中上寨位于山脊上，属于山脊型布局；中寨、下寨建于芋头溪两岸与山脚交接的台地上，形成山麓沿溪型布局（图 5-2）。

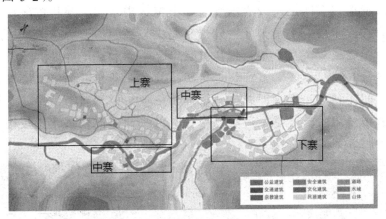

图 5-2　芋头侗寨总平面图

资料来源：通道县住建局，北京清华同衡规划设计研究有限公司[1]

芋头侗寨民居大多建在山坡上，多依等高线平行排列。建造民居首先要对地形进行适当修改，在不同高度形成与民居等宽的台地，如

---

[1] 通道侗族自治县住建局，北京清华同衡规划设计研究有限公司. 湖南省通道县芋头名村保护规划，2015.

此，顺应地势、鳞次栉比地坐落于山坡上，虽各建筑朝向不一，间距不等，但整体感仍然较强（图5-3）。

图5-3 鸟瞰芋头侗寨全景

图片来源：课题组拍摄

从民居的分布来看，整个芋头侗寨呈现以公共建筑为中心的多中心布局特点，空间层次较为丰富。如上寨、中寨和下寨均以鼓楼为中心呈向心性布局。上寨为牙上鼓楼和龙氏鼓楼，中寨为芦笙鼓楼，下寨为田中鼓楼，溪边平地上还建有戏台、学堂和萨坛等公共建筑。芋头侗寨公共建筑颇多，贯穿整个村寨，与民居建筑共同组成了丰富空间。空间序列为：寨脚回龙桥—塘坪桥—塘头桥—新寨门—回龙桥—田中鼓楼—戏台、学堂、芦笙鼓楼—萨坛—牙上鼓楼—龙氏鼓楼—老寨门（图5-4）。

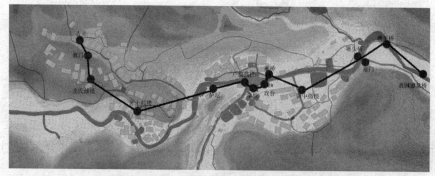

图5-4 芋头侗寨公共建筑与空间序列

图片来源：通道县住建局，北京清华同衡规划设计研究有限公司

2. 道路系统"顺势而为"

芋头侗寨的道路网以芋头溪为干线，以各个鼓楼为分中心点，支线道路随建筑、空间环境而迂回曲折，步移景异，曲径通幽（图 5-5）。

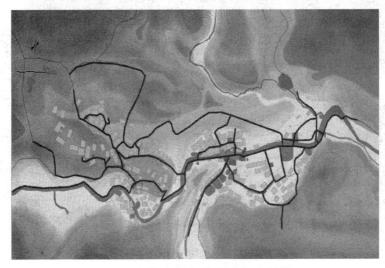

图 5-5　芋头侗寨道路系统布局图

图片来源：通道县住建局，北京清华同衡规划设计研究有限公司

此外，驿道、石板路、石板桥构成丰富的交通空间。驿道起始于华冲与城府两山相交的细望冲口，止于太平山脚的山塘坝，现长 1600 米。石板桥 3 座，分别位于芋头侗寨的寨头、寨中、寨脚，依山就势筑成。延伸到寨中各家各户的青石板路纵横交错。其中最具地方特色的一段是通往牙上寨的 108 级石台阶（图 5-6）。

3. 水系规划"动静交替"

芋头地处深山幽谷，境内有溪水、泉水及寨内水塘。溪水和泉水属于动水，水塘属于静水。大小不一、形态各异的水塘密布于民居之间，还有散落在民居间的古井，与芋头溪一起形成"点—线—面"的水环境系统。池塘既可养鱼，又是消防水的来源，池塘水面还可以调节微气候。

图 5-6 芋头侗寨内的道路系统
图片来源：课题组拍摄

（二）横岭侗寨

横岭侗寨全寨 326 户，村民 1392 人，属山麓沿河型布局，大部分民居集中建于村级公路东侧紧靠坪坦河的坝子上，建筑布局密集，吊脚楼鳞次栉比。

1. 民居布局"依山环水"

横岭侗寨一面靠山，三面环水，是一个依山环水的侗寨。横岭侗寨东面为水田、河滩和河道，然后是一条自南向北延伸的山梁。西面也是一条自南向北延伸的山梁，正面为 6600 多米^{2}的古墓葬群，南面为 6600 多米^{2}的河滩和河道，河对岸为水田和旱地，寨子北面为水田和旱地。村寨内部建筑布局大多较为规整，排列灵活，密集不失规整，形式不拘却有章法，形成了各种封闭与半封闭、规整与不规整相互穿插的空间（图 5-7）。

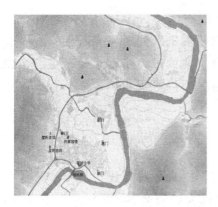

图 5-7 横岭侗寨总平面图及全景

图片来源：通道县住建局，北京清华同衡规划设计研究有限公司①

横岭侗寨公共建筑位于村寨中心，形成了一条秩序感非常强烈的轴线公共空间。空间序列为：寨门—横岭鼓楼—戏台—内寨鼓楼—寨门。各个公共空间既独立又相互联系。从南寨门进入横岭鼓楼，通过踏步穿过横岭主鼓楼进入鼓楼坪，在鼓楼对面为戏台，右侧为南岳大王殿，沿着戏台旁的踏步绕过戏台，便是一个广场，广场旁是横岭小学。穿过民居巷道，便是内寨鼓楼，在这里形成另外一个中心广场，穿过广场和民居便到达北寨门。轴线的空间层次分明，路径明确，秩序感强。横岭背靠山体，三面临水，边界明显，围合感极强。山体作为垂直方向的阻隔，而坪坦河在水平面上界定着村落的地域范围。除了自然的边界外，横岭侗寨还有 4 个寨门，位于村路口，既是出入村寨的标志，也是村寨守护神显灵驻守的地方，主要体现的是一种场所感。

2. 道路系统"四通八达"

横岭侗寨对外交通方便，X961 县道（水泥路）穿寨而过，方便寨子与外界进行联系。寨内一条宽约 3 米、用卵石镶有 9 条龙和鱼、蟹等图案的九龙路在寨子南面沿河流方向进入寨中，沿路穿过民居、岩上鼓楼、横岭桥、鼓楼小学、雷祖庙、戏台、横岭鼓楼、南岳庙，至横岭鼓楼处有一小石板广场。沿右边从横岭鼓楼前下河滩，沿左边进

---

① 通道侗族自治县住建局，北京清华同衡规划设计研究有限公司. 湖南省通道县横岭侗寨保护规划，2014.

入寨子中间新建青石板广场，广场四周有 5 条小巷通往寨子各处。主路四通八达，与各公共建筑和民居联系紧密。同时，青石板、古驿道穿插于寨中，沿溪有青石板古驿道绕小寨而过，步移景异，与沿途建筑形成迂回转折的空间。小寨与大寨之间以水田相隔，一条石板古驿道在田间穿行而过。

（三）坪坦侗寨

坪坦村属平坝型侗寨，百越民族干栏式吊脚楼民居历史悠久且保存完好，从规模上看属于坪坦河流域最大的侗寨，坪坦河从寨中穿过，建筑成团成簇分布。

1. 建筑布局"众星捧月"

整个寨子自然地分成 5 个组团，中心组团较大，其他 4 个小组团紧紧围绕着中心组团。组团之间为旱涝保收的约 33 公顷坝田。寨内民居建筑虽密集，但排列井然有序，与青山绿水浑然一体。道路纵横交错，与建筑形成宽窄不一的街巷空间（图 5-8、图 5-9）。

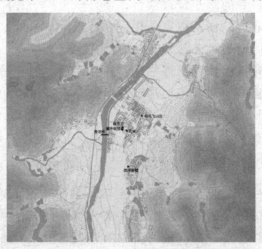

图 5-8　坪坦侗寨平面布局

图片来源：通道县住建局，北京清华同衡规划设计研究有限公司[1]

---

[1] 通道侗族自治县住建局，北京清华同衡规划设计研究有限公司. 湖南省通道县坪坦侗寨保护规划，2015.

图 5-9　坪坦侗寨实景图

图片来源：课题组拍摄

坪坦侗寨内公共建筑多，公共空间丰富。据调查统计，有古水井 4 处、鼓楼 3 座、古萨坛 1 处、古飞山宫 2 处、古孔庙 1 座、古大南岳庙 1 座、古城隍庙 1 座、李王庙遗址 1 处、雷祖庙遗址 1 处、风雨桥 1 座。这些公共建筑与周边环境一起构成了大小不同、文化内涵迥异的空间。如以飞山宫为中心的公共空间，体现的是对飞山神杨再思的信奉和崇拜，以南岳宫、寨中鼓楼为中心形成的空间体现的是神灵崇拜和祖先崇拜，孔庙形成的是教育空间。

2. 道路布局"纵横交错"

由于建筑密集，民居内形成纵横交错的街巷空间，主要道路连通各个公共建筑。一条村道穿村而过，寨门设在村口。由寨门进入村寨，经过一片农田，由普济桥进入沿河路，映入眼帘的是一个开阔空间，再经过戏台、孔庙、寨中鼓楼等公共建筑围合的公共空间，穿过一片民居，便到了杨氏飞山宫。向左经过宽阔的水塘，正对着一大片风水林，然后蜿蜒而下，通过寨门连接到沿河路，再经风雨桥进入村级公路。

3. 水环境布局"动静交替"

坪坦侗寨水资源丰富，有河流、水塘和古井，形成"点—线—面"的水环境体系。

以河水为线，坪坦河从寨中流过，形成"穿越式"布局形式。河水清澈，鱼翔浅底。两岸的吊脚楼民居依水而建，形成丰富而优美的临水空间景观。形态各不相同却排列有序的吊脚楼，增加了临水景观的幽深和层次感，造型优美的风雨桥，增添了独特的少数民族人文风情，起到了空间联系作用。

以水塘为面，坪坦河侗寨内外遍布着大大小小的水塘，水塘的形态各异，一年四季都蓄满了水。周边的民居建筑倒映在水塘之中，形成优美的静态水体景观空间。有些人家还会在水塘上搭建禾凉，形成一道别致的风景。特别是飞山宫前面大片连续的水塘，夏天荷叶亭亭，花颤枝头，不仅为民居增添了临水景观的情趣，更为周边的居民们提供了良好的采光通风以及舒适宜人的户外场地，并与周边的风水林互为凭借，形成美丽的风景线。

以古井为点，泉井是每个侗族村寨里面必不可少的水资源，侗族人们不但对水珍视而且非常讲究，农作生活用水多取于溪河，而饮用水或清洗食物用水都取自泉井，泉井为全村提供了甘爽怡人的饮用水。坪坦寨共有四口古井，点缀于村寨之中，与河流、水塘一起形成"点—线—面"的水环境系统。

（四）高步侗寨

高步侗寨由高升村、高上村、克中村组成，处于崇山峻岭之中。坦坪河穿寨而过，属于山麓沿河型布局。

1. 民居布局"依山傍水"

整个寨子四面环山，民居建在河溪两岸的绿树丛中，大多依山傍水，排列密集而整齐有序；少量民居延伸到了山谷深处，沿等高线坐落在不同的台地上。寨内有 6 座鼓楼、5 座花桥，耸立于寨子中的各个方位，造型各异，特色鲜明，与鳞次栉比的吊脚楼和周边环境相得益彰，形成了人与自然完美结合的神奇景观。高上村沿河流呈带状布局，属沿河型布局。民居与河流之间是大片平坦的稻田，其中村内还分散布置着空地和水塘，用以防火。高升村则依山而建立，与高上村之间形成一条街道，属山麓型布局。克中村与高上村沿河相对，依地势自然分成 3 个组团。3 个村寨既独立，又相互联系，整体协调，浑然天成

（图 5-10、图 5-11）。

图 5-10 高步侗寨总平面图

图片来源：通道县住建局，北京清华同衡规划设计研究有限公司①

图 5-11 高步侗寨实景

图片来源：课题组拍摄

① 通道侗族自治县住建局，北京清华同衡规划设计研究有限公司. 湖南省通道县高步侗寨保护规划，2014.

高步侗寨公共建筑甚多，现有古水井 6 口、鼓楼 6 座、花桥 5 座、戏台 2 座、社王祠 1 座、七子太公庙 1 座、香岭求子庙 1 座。3 个村寨整体形成曲线状公共空间序列。高升村鼓楼位于村口处，鼓楼坪和道路相接，形成开阔的公共空间，同时又是村寨的边界。高上村为多中心布局形式，分别形成以学校、河上鼓楼、龙氏祠堂为中心的公共空间。克中村形成带状公共空间序列，入村的寨门设在田坝上，进入寨门，旁边则是鼓楼。通过鼓楼坪沿着道路一直走去，便是 2 个祠堂和 1 个鼓楼围合而成的大型公共空间，最后以寨门结束（图 5-12）。[1]

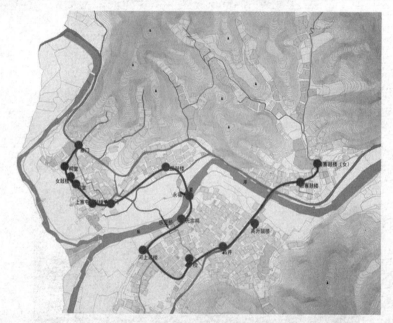

图 5-12　高步侗寨公共空间结构

图片来源：通道县住建局，北京清华同衡规划设计研究有限公司[1]

2. 道路布局"顺应地势"

村寨内的道路系统因地制宜，主干道顺应地势布置，支路从干道发出，与民居建筑一起延伸到山谷深处，并随地形起伏弯曲延伸，辅以建筑物间呈脉状分布的小径，形成树枝状的道路系统（图 5-13）。

---

[1] 通道侗族自治县住建局，北京清华同衡规划设计研究有限公司. 湖南省通道县高步侗寨保护规划，2014.

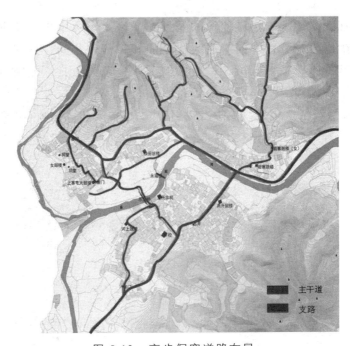

图 5-13　高步侗寨道路布局

图片来源：通道侗族自治县住建局，2015 年 1 月

3. 环境系统"动静交替"

自然生态环境形成"点—线—面"的环境布局体系。其中高步侗寨四周群山环绕，郁郁葱葱，是天然的屏障，与民居群之间阡陌纵横的稻田构成环境中的"面"。寨中河水穿过，律动的流水清澈透明，充满勃勃生机，构成环境中的"线"。村口有古树 3 棵，村中有古水井 6口，与点缀于民居之间的小块菜地形成环境中的"点"。

（五）中步侗寨

中步侗寨位于盘龙山下，四周沃野平畴，形成 5 个自然村。中步大寨依山傍水而建，属山麓沿河型布局。

1. 民居布局特点

吊脚楼依山分布，重重叠叠，错落有致。一条小河——陇梓河绕着村子缓缓地流着，把古寨紧揽怀中。缓缓流动的河水清澈见底，河岸边时有洗菜、洗衣、做蓝淀的侗家女往来上下。水中的鸭群、鹅群自由自在地嬉戏觅食。河岸高大粗壮的梓树疏密相间，这些千年古树盘根错节，棵棵枝繁叶茂，呈巨大的伞状，遮天蔽日，掩映着傍水而筑的民居吊脚楼。一座座风雨桥跨水横亘，连接着村外的公路。村寨处处透着恬淡恬淡之美，颇有"小桥流水人家"般的诗情画意（图 5-14）。

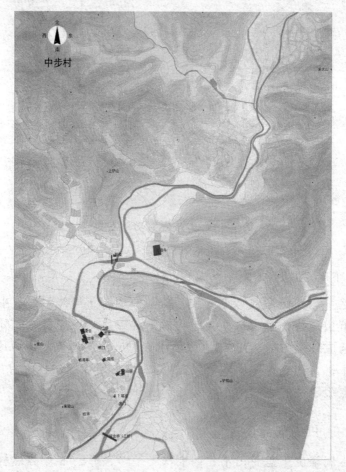

图 5-14　中步侗寨总平面图

图片来源：通道县住建局，北京清华同衡规划设计研究有限公司[①]

---

① 通道侗族自治县住建局，北京清华同衡规划设计研究有限公司.湖南省通道县中步侗寨保护规划，2014.

2. 公共建筑特点

中步侗寨为多中心布局形式，公共建筑在一条轴线上，整个民居以公共建筑为中心形成中轴对称式布局。整体建筑布局紧凑，疏密有致，空间宜人。中步大寨共形成 4 个公共空间，由北至南依次为：以南岳宫和村委会为中心的公共空间、以鼓楼为中心的公共空间、以戏台和飞山庙为中心的公共空间以及以鼓楼为中心的公共空间。其中以鼓楼为中心的公共空间和以戏台、飞山庙为中心的公共空间四周均为建筑，围合感强，为封闭型公共空间；其他公共空间封闭感弱，为开敞式公共空间。中步侗寨边界明确，空间领域感强。大寨被 2 座大山和陇梓河所包围，通过风雨桥与其他村寨联系。除了自然边界外，村寨南北各有一寨门，虽没有寨墙围绕，但其以不同于住宅的造型和体量成为进入村寨的象征。

3. 路网布局特点

县道 X081 穿过村寨，连接 5 个自然村。大寨内主干道连接各公共空间，形成村寨的中轴线。一座座风雨桥连接着村寨。民居前后左右之间的间距便形成四通八达的道路网。

（六）阳烂侗寨

阳烂村属于典型的依山傍水型侗寨，寨背后的山上部是茶油林地，下部是龙、杨两姓的墓地，寨前一条河流由西向东向北绕寨而过。

1. 民居布局特点

河流自西南高团村蜿蜒盘曲流向北，再弧形折向南入村，水入寨处为寨头，出寨处为寨尾，寨头有石墩水泥桥、鼓楼，寨尾有风雨桥（图 5-15）。

寨中木楼层层叠叠、错落有致，鼓楼、戏台屹立其中，芦笙坪、古井等更是各具特色，与寨里、寨外的山山水水、历史遗迹共同构成了侗寨的绝美风光。由于受地形限制，建筑布局非常密集，民居建筑鳞次栉比地位于山脚，形成大大小小、迂回转折的空间。阳烂侗寨公共建筑比较集中，因而形成连续的公共空间。寨门和龙头鼓楼一起设在河岸边，通过寨门进村寨，便是宽阔的鼓楼坪。鼓楼坪一侧为水塘，形成开敞空间。穿越鼓楼坪，便进入第二个公共空间，即中心鼓楼和戏台围合而成的芦笙坪。整个空间连续、紧凑而富有层次感。

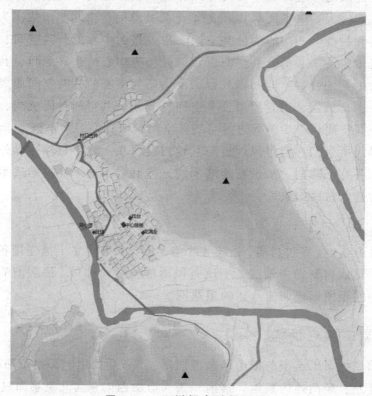

图 5-15　阳烂侗寨总平面图

图片来源：通道县住建局，北京清华同衡规划设计研究有限公司[1]

2. 道路布局特点

一条主干道穿过村寨，从北面的寨门进入村内。道路一旁是住宅，另一旁则是公田。鼓楼坪是整个村寨的道路交通枢纽中心。由这个中心出发，有通往不同方向民居的道路。在民居集中区域，道路根据民居的朝向不同，有的从民居前穿过，有的从民居山墙边通过。道路与建筑物之间有篱笆、猪圈、菜地、水塘等缓冲区域，整个道路格局格

---

① 通道侗族自治县住建局，北京清华同衡规划设计研究有限公司. 湖南省通道县阳烂侗寨保护规划，2014.

外富有层次感和多变感。

3. 水环境布局特点

阳烂侗寨水环境除了有河流之外，民居前还布置着大大小小的水塘。鱼塘不仅有消防、养鱼的作用，还美化了居住环境。阳烂侗寨建筑布局较密集，而民居前的鱼塘与民居建筑形成开阔的户外空间，弱化了拥挤的聚落空间。

三、民居营建特征

坪坦河流域侗族民居营建结构主要分为干栏式与地面式为 2 大类型。从民居功能来看，它们不仅能遮风避雨，更同侗族人民的生产生活息息相关。

（一）民居营建结构

经过对芋头、横岭、坪坦、高步、阳烂、中步等 6 个侗寨的实地田野调查，我们发现坪坦河流域的侗族民居结构主要为干栏式与地面式 2 大类型（图 5-16）。

图 5-16 坪坦河流域的侗族民居结构

（左图为干栏式，课题组摄于芋头侗寨四组 16 号；
右图为地面式，课题组摄于中步侗寨七组 18 号）

1. 干栏式

据《侗汉简明词典》记载，干栏作为名词时指遮盖用的树枝杂草；

作为动词指遮盖、掩盖。一般是侗族对"房屋"一词的汉译。《辞海》中解释为:"我国古代流行与长江流域及其以南地区的一种原始型住宅,即用树立的木桩构成底架,建成高出地面的一种房屋。"侗族的干栏式建筑,底层用柱子架高,古时用以圈养家畜或放置农具,架于地面之上以防避毒虫蛇患、潮湿瘴气,上层为主要的居住空间。根据地形的情况,将干栏式建筑分为全干栏与半干栏。全干栏为架空层全部高出地面。半干栏是指建筑一部分架空与地面,一部分建于陡坡山岩之上,依山而建,俗称"吊脚楼"①。

坪坦河流域干栏式建筑在构造上继承古老建筑模式,一般为5柱3开或3柱3开,梁柱之间以抬梁、穿斗的方式结合古老的榫卯工艺构建建筑框架;分3层组合,各层功能各异(图5-17)。

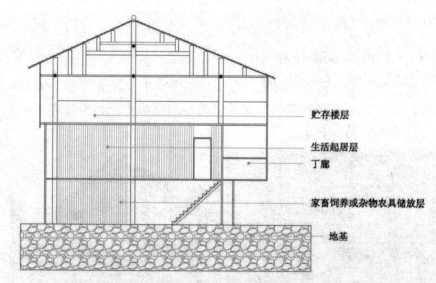

图 5-17　坪坦河流域干栏式民居建筑结构剖面图
图片来源:课题组绘制

坪坦河流域干栏式民居一般一层蓄养牲畜、存放农具;二层为主要生活起居功能;三层为粮食杂物存储空间,称为仓楼。层与层之间

---

① 毛国辉. 侗族传统干栏式民居气候适应与功能整合研究[D]. 长沙:湖南大学,2012:49.

用楼梯连接。屋顶为双坡人字形青瓦屋顶，青蛙清水脊，以悬山顶、歇山顶为常见，侧旁设楼梯为交通连接主入口。常以联排式或独栋式的组合方式组建。其建造工艺亦继承传统、延续着"杖杆"这一精湛神奇的建筑营造技艺。整座建筑凿榫打眼、穿梁接拱、立柱连枋不用一颗铁钉，全以榫卯连接，结构牢固，接合缜密，体现了侗族工匠高超非凡的建筑工艺水平，并在技艺中表现出丰厚的心理和精神寄托（图5-18）。

干栏式住宅一层

干栏式住宅一层入口

干栏式民居整体结构框架

干栏式住宅二层入口

图 5-18 坪坦河流域干栏式建筑特点
图片来源：课题组拍摄

2. 地面式

地面式同干栏式建筑结构方式大致相同，主要区别在于地面式一层没有蓄养家畜、存放农具的架空层，功能空间多为过廊、堂屋或偏厅、有火塘的厨房等。干栏式的一层主要用来蓄养家畜、存放农具。

侗族地面式住宅建筑，早在唐宋时期受汉族"羁縻""改土归流"等政策的政治影响而出现，其模式结合了汉族住宅形式与本民族的生活劳作特点，一般为 3 ~ 5 柱，3 开，梁柱之间也以抬梁、穿斗的方式结合古老的榫卯工艺构建建筑框架。常分两层，一层由廊道连接主入口与中堂，并附有火塘、卧室等生活起居功能；二层为粮食杂物存储空间，以楼梯的方式连接一、二层，一层平均层高为 2400 毫米，二层平均层高为 2000 毫米。屋顶为双坡人字形青瓦屋顶。有的地面式建筑受汉族影响，出现"庭院式"住宅建筑的组合方式，使侗族的住宅建筑文化更加丰富（图 5-19）。

图 5-19　坪坦河流域地面式建筑特点

图片来源：课题组拍摄

（二）民居主要功能

侗族民居建筑作为侗族人民的栖息之所，不仅是遮风避雨的建筑物，其建筑功能更是同侗族人民生产生活息息相关。

1. 储藏功能

坪坦河流域侗族拥有传统稻作文化，擅长农耕养鱼，兼营林业，劳作所需的生产工具成为朴素的侗族人民的"生活武器"。经过千百年发展，侗族的生产工具种类繁多，农人对此爱惜有加，在民居中必然会留有专门的空间收藏放置。在干栏式民居中，一般一层会成为农具及其他杂物的储藏空间。地面式建筑则将农具的存储空间设置在中堂后，面积比干栏式建筑小。农作物存储需要良好的通风干燥环境，故侗族民居将农作物的存储空间设置在二、三层通风较好的位置，并设500～700毫米高门槛，以防鼠患，便于存储。

2. 餐饮功能

侗族人民嗜好糯米制品，喜好酸辣，习惯用蒸、炒、煎、炸以及烟熏等方式制作食物。在房内挖出1米见方的土坑，火塘四周一般用厚石材围铺，以此把火塘与木地板分隔开来，起到防火作用。火塘中部一般安放铁三脚架，用以支鼎罐铁锅，火塘顶部设悬空木质横梁三根，主要起到挂置熏肉制品或烘干湿柴之用，火塘燃料以木柴为主，冬日烟火缭绕，白天煮饭，晚上烤火取暖。夜深，家中老人利用火塘余温铺被就寝，夏日炎热之时，火塘暂时不再充当厨房，生火做饭迁移至离火塘不远的灶房。用餐时只需在火塘之上架一方桌，即可就餐（图5-20）。

3. 会客功能

侗族是一个热情好客的民族，对于友人，他们愿意分享自己最珍贵的东西。火塘作为厨房，也是一个家中最为温暖的地方，客人来访，他们便请其至火塘饮茶洽谈。故火塘除了基本的厨房餐厅功能外，还具备会客洽谈的"客厅"功能（图5-21）。

4. 起居功能

民居最基本的功能就是提供休养栖息、避寒取暖的场所。侗族民居在火塘的左边或后方设置卧室，因火塘边为最温暖的地方，这间卧室一般为家中最年长者所居住。家庭其他成员的卧室则设置在二层，其卧室平均层高为2米，门洞平均尺寸为700毫米×1400毫米，多数无窗。调查时，寨中老人介绍，卧室无窗起防盗作用。因侗族身材偏于矮小，门洞尺寸一般小于常规尺寸。

图 5-20　民居中的火塘

图片来源：课题组拍摄

图 5-21　民居中火塘的会客功能

图片来源：课题组拍摄

5. 祭祀功能

侗族的宗教信仰，原始崇拜保留得相对较多，也比较独特。杨再思英雄崇拜、神灵崇拜的"萨"、祖宗崇拜以及自然崇拜都具有这块土地独有的文化特征，其设萨坛、建宗庙祠堂等。在后来与汉文化的融合中，侗族的祭祀方式也逐渐向汉族靠近，如在民居建筑中设立中堂，供奉天地君亲师牌位。在无中堂的民居建筑中，祖先牌位会设立在火塘的左侧，以示尊敬（图 5-22）。

高步村古萨岁堂　　　　　　　堂屋天地君亲师位

图 5-22　民居中的祭祀功能

图片来源：课题组拍摄

6. 饲养功能

饲养功能主要设置于传统干栏式建筑的底层，以饲养猪、羊等家畜为主，其优点是足不出户就能完成饲养全过程。地面式建筑的饲养场所则依附于建筑外体偏下或另行建造。这一功能随着卫生条件的改善而逐渐消失。如调查中我们发现芊头村某干栏式民居一层，其依附错层式地面结构，将饲养功能设置于一层底部，由石阶连接（图 5-23）。

干栏式一层内部实景　　　　　　饲养功能区入口

图 5-23　民居中的饲养功能

图片来源：课题组拍摄

四、室内空间特征

以下以芋头杨正安古民居、横岭杨盛刚古民居、中步杨炳銮古民居为例分析地面式民居住宅的室内空间特点。

（一）功能分区

室内空间功能的设置是为了满足居民的生产生活所需，在调查结果的基础上，可以将坪坦河流域侗族民居建筑室内空间功能区划分为礼仪功能区、居住功能区、交通联络区、储藏功能区等 4 大区域。其中一层主要为礼仪功能区，一般占据一层总面积的 1/3 或 2/3，也有交通连接功能区域与储藏功能区域相辅助，居住功能区分布较少。二层主要由居住功能区与交通连接功能区域组成，两者平均面积相等，同时会设有储藏功能区域穿插交替。

1. 礼仪功能区

在侗族建筑中，礼仪功能区域包括火塘和堂屋，堂屋出现在汉文化影响下的地面式建筑中，火塘则两种建筑模式都具备。火塘代表着侗族最基本的组成单位——家庭。因此，火塘是"独立成家"的象征。侗族人如若能自立火塘，便意味着脱离原来家庭的供养"自立门户"。有火塘的空间称为火塘间，它作为建筑中最为温暖的区域，不仅是家庭生活中心，同时也是礼仪文化活动中心。礼仪主要表现在祭祀祖先和神灵，将祖先及神灵的牌位供奉火塘边，是对他们表达最高的敬畏的方式。另外，火塘除了行使其供暖功能外，还为侗族人民对歌提供了良好场地。所以，火塘大多数设计在空间位置的中部，四方留有 1~1.5 米的距离放置椅凳。地面式民居火塘，直接在地面层用条状石块围方，或用弧状条石围圆，其内换新黄泥土，夯板实，中心挖一坑为火坑，上钉三脚架。这种火炉又叫地火炉。干栏式民居因生活在楼层上，火炉处需搭架围框，内筑泥土，四周用木枋或石条围边和楼板平齐，中心挖一火坑，钉三脚铁架即是火塘。据当地掌墨师（当地对传统侗族建筑师的尊称）李奉安老师介绍，火塘的平面设计初衷是为了方便妇女冬天纺纱。每到纺纱时，妇女和姑娘们可以围绕火塘一边纺纱，一边取暖。纺到半夜妇女们自觉离开休息，后生们行歌坐夜来到火塘边，和姑娘们悄悄地对起歌来。这是为民族风俗需要而设计的火塘平面。现在，这种风俗已基本消失。

堂屋，在原始的侗族建筑中未曾出现。直到汉文化源源不断渗透融合进来，这种儒家礼制文化才慢慢地向干栏式民居渗透。堂屋的功能同汉族建筑中的中堂一样，"堂，当也，当正阳之屋；堂，明也，言明礼义之所"。这里是举行礼仪、教化子女的重地，体现了儒家文化尊卑有别、长幼有序的道德伦理观念和"天地君亲师"的家国观念。因此，堂屋不但是家庭生活的起居空间，也是祭拜祖先、婚丧嫁娶、举办寿喜庆典、教化子孙的重要空间。掌墨师李奉安老师介绍，根据堂屋功能的特殊地位，在建筑设计上必须遵循儒家学说以"礼"为中心的思想，将人间秩序以建筑空间形式来体现，将"居中为尊"思想作为一种形式融汇到建筑中来。因此，在设计中，堂屋就安排在特定标志建筑物中心方位且具有神秘色彩的梁木下面，故又叫"中堂"。所谓"中堂"，就是以梁木的中线为纵轴，左右对称均匀。若是 4 开间，其右山间梁脊降矮一磴为钻厩屋。为了适应堂屋各种礼仪活动面积的需要，根据八仙桌边长 2.6 尺[1]，加上四周坐凳所占面积，堂屋设计的理想尺寸过间宽应为 1.28 丈[2]，进深长应为 1.38 尺，且呈长方形平面。这个尺寸举办礼宴恰好容下 4 张八仙桌，还有捧菜通行的路。当然，有很多民居建筑，因宅地面积受约束，难以满足这个设计尺寸。堂屋家仙壁后的空间一般为该户长者的卧室。这是地面式民居建筑的堂屋平面设计要求。这种代表礼制文化的堂屋设计，在干栏式民居中还不很突出。到了近代，部分干栏式民居建筑物出现了前廊堂屋，但并不普遍。

综上所述，礼仪功能区在侗族民居中具有核心地位，是必不可少的功能区，具体形式的选择因建筑物的形式而定。

2. 居住功能区

居住功能包括餐厅、客厅、卧室、卫浴 4 类空间，侗族民居的餐

---

[1] 1 尺≈33.3 厘米。
[2] 1 丈≈3.33 米。

厅、客厅空间的礼仪功能与火塘结合为一体。卧室空间主要分布于二楼。针对卧室的居住功能需求，侗族分两种类型：有家具类与无家具类。有家具类是指在卧室中添置衣柜、床等家具的卧室空间，其家庭经济相对而言较为富足。无家具是指卧室中没有添置任何使用家具的卧室空间，此类型卧室空间直接将被褥等寝具铺置于地面，或用方砖垒成 4 个高约 200 毫米的砖柱支持一块木板，铺上寝具，成为简易的"床"。此类型家庭经济状况相对贫困，其放置衣物等的"家具"为侗家手工编织的竹箩或编织袋。另据寨中老人介绍，其祖先无家具，冬日铺草席于火塘旁靠火取暖而寝，手足相依，居家来客亦如此，足以见侗家人自古以来的淳朴（图 5-24）。

有简易家具类卧室　　　　　　　　　　　　有简易家具类卧室

木板床　　　　　　　　　　　　　　　　地铺床

图 5-24　民居中的卧室空间

图片来源：课题组拍摄

从坪坦河流域侗族古民居实地调查发现，侗族房间中没有供洗漱、如厕等的卫浴空间，部分古民居的卫浴空间是后来改造修建的，如中步侗族七组 19 号古民宅的卫生间就是后期改造而成的。从前侗族建造民居时，一般都将卫浴空间单独设立在民居建筑的近旁，故其室内布局平面图中未曾出现卫浴空间。

3. 交通连接功能区

交通连接功能区域指的是连接室内与室外的丁廊、过厅以及连接楼层的楼梯。丁廊出现在干栏式民居中，为丁字形，用于连接室内功能区和入户口。丁廊宽度一般设置为 2 米左右，两柱间距离以方便居民的日常生活生产活动为宜。侗家人一般在丁廊摆长凳，夏日纳凉聊天。逢家中宴请宾客，丁廊则成为设宴场所。丁廊护壁设为栏杆形式，便于采光通风，外挑梁处悬竹竿，为晾晒衣物之用（图 5-25）。

芋头村丁廊内部　　　　　　　　　　高步村丁廊内部

图 5-25　民居中的交通连接空间

图片来源：课题组拍摄

楼梯在侗族民居中，地面式住宅一般设置一部，连接一层与二层，置于室内。在干栏式住宅中，楼梯除了连接上下两层空间外，还连接外部空间，通常设置于室外建筑物旁，并有平均 1.5 米² 左右的歇步平台。楼梯通常高 2.2 米，有 15 级左右踏步，每级踏步宽 350 毫米、高 150 毫米。木质结构，与建筑相连。

4. 储藏功能区

储藏功能区主要为民居中粮仓及过厅、丁廊及干栏式一层。粮仓一般位于建筑物二层，高于地面 2.4 米左右，以防地面潮湿引发食物霉变，仓中一般设有尺寸约 300 毫米×400 毫米的窗户，用以通风透气，如中步村杨炳銮民居粮仓为 4060 毫米×2000 毫米，约 8 米²。如若粮仓设置在间壁中，则无窗，如中步村七组 19 号民居粮仓处于间壁内，为无窗，其面积大小为 2480 毫米×2100 毫米，约为 5.2 米²。

（二）主要界面

建筑室内空间界面，即围合室内空间的底面、侧面、顶面。在民居建筑中，底面指楼、地面，侧面指墙面、隔断，顶面指屋顶、天花。

1. 地界面

芋头侗寨杨正安古民居与横岭侗寨杨盛刚古民居一层底面均为素土夯实地面，而中步杨炳銮古民居则为素土夯实与木质地板平铺两种方式混合，在一层过厅及偏下部分采用素土夯实，火塘部分比过厅抬高出 600 毫米，基地为石材累积面铺木质地板。二层地界面均为木质地板平铺。有些民居会在位于火塘上部的二层楼板设置栅格式排烟口，便于火塘利用屋顶通透式结构通风排烟。坪坦河流域侗寨民居的地界面，如若与地面直接接触，采用素土夯实的方式；如若需要抬高底层，则一般是先就地取材用石材累积建造一个平面平台，再在这一平台上架木质地板平铺，其所需面积大小依平面功能分区规划而定。火塘四周一般会铺设厚石材，达到方便清扫、保温及防火的目的。

2. 侧面

3 座侗族古民居墙界面的处理都采用杉木、樟木或枫木等木材原料拼粘而成护壁和间壁，其方式均为在底部设 1～2 根横木，中部由 7～8 块 200 毫米宽木板拼粘而成壁，具体数量由房屋框架柱间宽度而定。上部再设横木做收口。3 座房屋一层侧面平均高度为 2450 毫米，二层侧面平均高度为 2030 毫米。二层层高比一层层高低约 400 毫米，比现代住宅平均层高 3200 毫米低约 1200 毫米，故其二层空间相对而言要更显矮小，同时安装在护壁及间壁上的门因底部有横木设置更为短小。调查中实测中步杨炳銮民居门的尺寸为高 1280 毫米、宽 600 毫米；芋头侗寨杨正安入户门高 1770 毫米、宽 700 毫米，房间门平均尺寸为高 1550 毫米、宽 650 毫米；横岭杨盛钢老宅门平均尺寸为高 1540 毫米、宽 600 毫米。我们猜测，只因先前侗族居民平均身高在 1.55 米左右，故侗族民居层高数值相对偏低。

民居的墙界面上窗洞的平均数值同层高一样，相对较低，窗的平均数值为 400 毫米×800 毫米，距地平均高度值为 1000 毫米。如芋头杨正安古民居二楼窗户尺寸宽 250 毫米、高 350 毫米；横岭杨颂刚古民居一楼火塘间窗户和二楼织布间窗户尺寸为宽 570 毫米、高 740 毫米；卧房窗户尺寸为宽 570 毫米、高 820 毫米；中步杨炳銮古民居一楼火塘间窗户尺寸为宽 300 毫米、高 400 毫米，二楼粮仓窗户尺寸宽 300 毫米、高 400 毫米，卧房没有开窗。窗户形式亦分素面板平推窗、素面对外开窗、几何格栅窗造型 3 类。从数值上分析，该流域侗族民居门窗相对窄小，整栋房屋窗户数量有限，平均 1 栋房屋窗户数量为 2 ~ 3 个，故其室内空间采光较差。据寨中老人介绍，门窗矮小数少的目的在于防盗。墙界面的装饰中，6 个侗寨民居建筑墙界面整体采用单一木质材料的素面装饰，门没有像汉族及其他少数民族一样做繁复的雕花细刻，但部分老宅的固定门闩部件造型独特，具有一种几何美感。如杨炳銮住宅中门闩部件采用几何式曲线造型，整体大方素雅、柔美。门板多保留原始的简易木门样式，不做雕刻及其他处理。窗的装饰也只采用简单的象形纹样或几何纹样做镂空花窗，整个民居建筑的墙界面朴素大方。

3. 顶面

坪坦河流域侗寨民居的顶面处理手法基本一致，一、二层顶面最初建筑结构裸露在外，建筑横梁加木质楼板铺设。二层在建筑挑空处裸露建筑屋顶结构。可以说，整个流域侗寨民居的界面处理手法依旧保持着最原始的建筑技法特点，没有粉墙黛瓦的艳丽，只有青瓦木墙的原始纯粹（图 5-26）。

坪坦河流域侗族民居建筑是侗族人民在生产劳动和生存发展中，依靠卓越的智慧和深厚的民族文化创造出来的。与现代建筑截然不同的是，它是房屋主人和掌墨师合作的产物。其遵循的原则是依山就势，敬神尊祖。每座房屋都是侗族人民的心灵皈依处、生命庇护所。

图 5-26　民居中顶面的处理

图片来源：课题组拍摄于横岭杨盛刚民居二层房顶面

五、营建的主导因素

有人说"建筑是凝固的音乐"。建筑风格的千差万别是地理环境复杂多样的结果，而气候条件是影响建筑风格的主要因素之一。

（一）气候影响因素

气候主导着地方建筑的发展方向，具体来说主要包括降水、气温、风速和日照等四大气象要素[①]。

1. 降水

降雨多和降雪量大的地区，房顶坡度普遍很大，以加快泄水和减少屋顶积雪。如中欧和北欧山区的中世纪民居为尖顶就是因为这里冬季降雪量大，如此设计是为了减轻积雪的重量和压力。我国云南傣族、拉祜族、佤族、景颇族的竹楼，多采用歇山式屋顶，坡度达 45°~50°，

---

① 杨柳. 建筑气候学. 北京：中国建筑工业出版社，2010：18-21.

下部架空以利于通风隔潮，室内设有火塘以驱风湿。降雨少的地区，屋面一般较平，建筑材料也不是很讲究，屋面极少用瓦，有些地方甚至无顶，如撒哈拉地区。我国西北部分地方气候干旱地区，一般只在椽子上铺上织就的芦席、稻草或苞谷秆，上抹泥浆一层，再铺干土一层，最后用麦秸拌泥抹平就行了。降水多的地方，植被繁盛，建筑材料多为竹木；降水少的地方，植被稀疏，建筑多用土石。

2. 气温

气温高的地方，往往墙壁较薄，房间也较大，反之则墙壁较厚，房间较小。曾有人调查西欧各地的墙壁厚度发现，英国南部、荷兰、比利时墙壁平均厚度为 23 厘米，德国西部、东部为 38 厘米，波兰、立陶宛为 50 厘米，俄罗斯则超过 63 厘米。也就是说，愈靠海，墙壁愈薄；反之，墙壁愈厚。这是因为欧洲西部受强大的北大西洋暖流影响，冬季气温在 0 ℃ 以上，愈往东则气温愈低，莫斯科最低气温达 -42 ℃。有些地方为了抵御寒冷，将房子建成半地穴式，如我国陕北窑洞冬暖夏凉。夏天由于窑洞深埋地下，泥土是热的不良导体，灼热阳光不能直接照射到里面，而在冬天则起到了保温御寒的作用。朝南的窗户还可以使阳光盈满室内。气温高的地方，房屋往往隐于林木之中。

3. 光照

室内光照能杀死细菌或抑制细菌发育，满足人体生理需要，改善居室微小气候。北半球中纬地区，冬季室内只要有 3 个小时光照，就可以杀死大部分细菌。因此从采光方面考虑，房屋建筑需注重 3 个方面：采光面积、房间间距和朝向。气温高的地方，往往窗户较小或出檐深远以避免阳光直射。吐鲁番的房屋窗户很小，既可以避免灼热的阳光，又可以防止风沙侵袭。傣族民居出檐深远，一个目的是为了避雨，正所谓"吐水疾而溜远"，另一个目的是遮阳。房屋之间的间距是有讲究的，尤其是城市中住宅楼的建设更要注意。楼间距至少应从满足底楼的光照考虑。光照也是影响房屋朝向的因素之一。北半球中高纬地区房屋多坐北朝南，南半球中高纬地区则多坐南朝北，赤道地区房屋朝向比较复杂，这与太阳直射点的南北移动有关。

4. 风

风也是影响建筑物风格的重要因素之一。防风是房屋的一大功能，有些地方还将防风作为头等大事，尤其是在台风肆虐的地区。风还会影响房屋朝向和街道走向。在山区和海滨地区，房屋多面向海风和山谷风。在一些炎热潮湿的地方，通风降温成为房屋居住的主要问题，如西萨摩亚、瑙鲁、所罗门群岛等地区，房屋没有墙。现代住宅建筑比较讲究营造"穿堂风"，用来通风避暑。

但是，我们应该看到，任何一种建筑物的风格都是独特的，功能是多方面的，如避雨、遮阳、防风、纳凉等。这种风格的形成同时也是多种因素综合作用的结果，不能认为是单一原因造成的。

（二）流域气候评价

1. 评价方法

为了对坪坦河流域气候进行综合评价，这里采用人居环境气候舒适度国家标准（GB/T27963-2011）进行定量评测[①]。本标准由中国气象局提出，主要用于人居环境气候舒适度的评价，便于比较，具有较强的应用价值。

$$I = T - 0.55 \times (1 - RH) \times (T - 14.4)$$

$$K = -(10\sqrt{V} + 10.45 - V)(33 - T) + 8.55S$$

式中 I 为温湿指数，T 为平均温度，RH 为平均相对湿度；K 为风效指数，V 为风速，单位为"米/秒"，S 为日照时间，单位为"时/日"。

人居环境气候舒适度用温湿指数和风效指数来评价，当两种指数不一致时，冬半年使用风效指数；夏半年使用温湿指数。评价时段平均风速大于 3 米/秒的地区使用风效指数。最终的评价结果根据温室指数和风效指数进行等级划分，等级划分情况如下（见表 5-2）。

---

① 国家质量监督检验检疫总局. 人居环境气候舒适度（GB/T27963-2011）[S].
北京：中国标准出版社，2011.

表 5-2　人居环境舒适度等级划分表

等级	感觉程度	温湿指数	风效指数	健康人群感觉的描述
1	寒冷	＜14.0	＜-400	感觉很冷，不舒服
2	冷	14.0～16.9	-400～-300	偏冷，较不舒服
3	舒适	17.0～25.4	-299～-100	感觉舒适
4	热	25.5～27.5	-99～-10	有热感，较不舒服
5	闷热	＞27.5	＞-10	闷热难受，不舒服

资料来源：人居环境气候舒适度（GB/T27963-2011）

2. 评价结果

我们利用国家气象信息中心[①]及通道县气象局提供的地面气象数据进行了统计分析，得出如下主要结论：

一是主要气象要素的年际变化幅度较大。2008—2017 年近 10 年期间，坪坦河流域年降水量的变化幅度为 442.1 毫米，年平均气温变化幅度为 1.0 ℃，湿度变化幅度为 6%，无霜期变化幅度为 82 天，日照变化幅度为 597.8 小时，气温 35 ℃ 以上的极端天气天数变化幅度为 7 天（见表 5-3）。

表 5-3　坪坦河流域主要气象要素及年际变化幅度

年份	年降水量（毫米）	年平均气温（℃）	湿度	无霜期（天）	日照（小时）	气温 35 ℃ 以上天数（天）
2008	1387.1	16.8	78%	299	1375.3	4
2009	1272.8	16.7	77%	276	1249.3	7
2010	1476.6	17.1	77%	288	1353.2	6
2011	1169.7	17.2	75%	298	1337.3	5
2012	1589.3	16.5	77%	297	1349.1	4
2013	1436.0	17.1	76%	334	1396.4	14
2014	1345.1	16.7	76%	289	1286.8	7
2015	1147.2	16.5	74%	290	1483.1	5
2016	1264.9	16.2	79%	358	885.3	3
2017	1367.7	17.2	80%	351	1255.6	8
变化幅度	442.1	1.0	6%	82	597.8	11

资料来源：中国气象科学数据共享服务网《中国地面气候资料年值数据集》

---

① 中国气象科学数据共享服务网，中国地面气候资料年值数据集[EB/OL].（2014-04-27），http://cdc.cma.gov.cn/

年平均降水量、年平均气温两项主要指标的年际变化幅度最大（见图 5-27）。

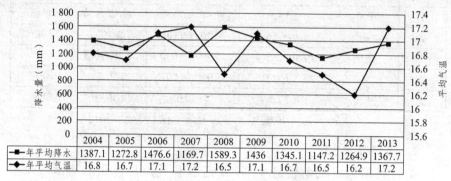

	2004	2005	2006	2007	2008	2009	2010	2011	2012	2013
年平均降水	1387.1	1272.8	1476.6	1169.7	1589.3	1436	1345.1	1147.2	1264.9	1367.7
年平均气温	16.8	16.7	17.1	17.2	16.5	17.1	16.7	16.5	16.2	17.2

■ 年平均降水　　◆ 年平均气温

图 5-27　坪坦河流域年平均降水与年平均气温年际变化幅度
资料来源：课题组根据气候数据绘制

这主要与坪坦河流域的下垫面环境有关，虽然同处南亚热带温湿季风气候区，但坪坦河流域的地形地貌相对于同纬度其他地区要更复杂一些，因此，在南亚热带季风气候区大背景下，地方性气候影响显著。

二是湿热是该流域的主要气候特征。利用人居环境气候舒适度评价模型对流域全年气候舒适指数和平均每月候舒适指数分别进行计算，全年温湿指数计算结果如表 5-4。

表 5-4　坪坦河流域全年平均温湿指数

年　份	温湿指数
2008	16.51
2009	16.41
2010	16.76
2011	16.82
2012	16.23
2013	16.74
2014	16.40
2015	16.20
2016	15.99
2017	16.89

资料来源：根据温湿指数计算所得

从表 5-4 中可以看到，坪坦河流域全年平均温湿指数为 15.99 ~ 16.89，波动幅度并不大，说明温湿指数较为稳定（图 5-28）。

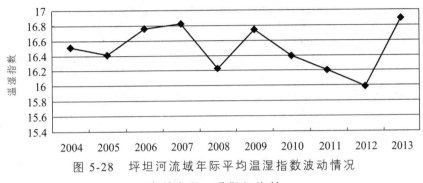

图 5-28　坪坦河流域年际平均温湿指数波动情况

资料来源：课题组绘制

我们利用国家气象信息中心发布的《中国地面国际交换站气候标准值月值数据集（1971—2010 年）》[①]对坪坦河流域每个月的舒适性指数做进一步分析。温湿指数和风效指数两个表征值计算结果见表 5-5 和图 5-29。

表 5-5　坪坦河流域多年平均舒适性指数

月份	温湿指数	风效指数
1	6.95	−143.3
2	14.50	−169.6
3	17.38	21.6
4	17.91	487.0
5	20.44	867.3
6	25.61	1068.5
7	27.79	1868.3
8	28.16	1830.9
9	25.87	1239.4
10	17.25	762.6
11	17.45	442.9
12	15.70	181.5

资料来源：中国气象科学数据共享服务网《中国地面国际交换站气候标准值月值数据集（1971—2010 年）》

① 中国气象科学数据共享服务网. 中国地面国际交换站气候标准值月值数据集（1971-2010 年）[EB/OL].（2014-04-27），http://cdc.cma.gov.cn/

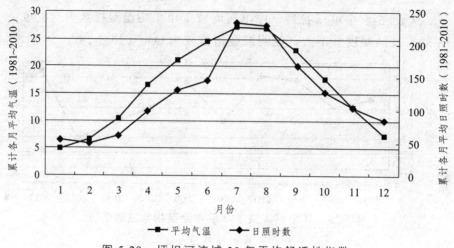

图 5-29　坪坦河流域 30 年平均舒适性指数

资料来源：课题组绘制

我们将计算结果与人居环境舒适度等级划分表相结合，因为该流域月平均风速远低于 3 米/秒,因此在评价过程中风效指数仅作为参考,分级结果见表 5-6。

表 5-6　坪坦河流域人居环境舒适度等级划分表

等级	感觉程度	温湿指数	风效指数	时间段
1	寒冷	＜14.0	＜-400	1 月
2	冷	14.0～16.9	-400～-300	12 月、2 月
3	舒适	17.0～25.4	-299～-100	3 月、4 月、5 月、10 月、11 月
4	热	25.5～27.5	-99～-10	6 月、9 月
5	闷热	＞27.5	＞-10	7 月、8 月

资料来源：根据计算所得

从表 5-6 中可以看到，3 月、4 月、5 月、10 月、11 月这 5 个月天气温湿指数适宜，属于舒适天气，持续时间约为 153 天，超过全年的 1/3。6 月、7 月、8 月、9 月这 4 个月该流域温湿指数较高，从人体感觉上来看，属于"热"和"闷热"的体感，持续的时间约为 122 天，约占全年的 1/3。12 月、1 月、2 月这 3 个月偏冷，但持续时间不足全年的 1/3。综合来看，属较为理想的低山型人居环境。

（三）营建生态适应

"湿热"气候是影响坪坦河流域居住环境的主要因素。因此其营建智慧主要体现在处理好朝向、间距、高度、遮阳、防晒、隔热、通风透气、纳凉、防潮、除湿、排水等方面[①]。

1. 朝向、间距、高度

建筑的朝向是指建筑主要房间所处的方位，日照和通风对建筑朝向和间距具有重要影响。冬季，室内引进阳光，有利于消灭细菌、干燥房间，提高室温和降低采暖能耗；夏季，强烈的太阳辐射照射会造成房间过热，从而增大空调能耗，可见日照对建筑环境和节能有利也有弊。风的影响亦然，夏季室内良好的通风不但能给人带来舒适的感觉，而且能够祛除潮湿，带来新鲜空气；而冬季冷风渗透是影响室内舒适的重要因素之一。

在建筑日照设计中，房屋朝向的选择应该有利于冬季引进阳光、夏季避免日照。很显然，冬季具有较大日辐射强度而夏季具有较小日辐射强度的垂直表面方向即为房屋的最佳朝向。从模拟中可以看出，通道县最佳朝向应为朝向南偏西 2.5°（图 5-30）。

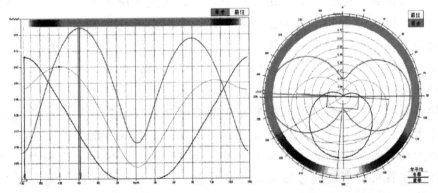

图 5-30　Weather Tool 软件模拟的坪坦河流域房屋最佳朝向

资料来源：毛国辉《侗族传统干栏式民居气候适应与功能整合研究》[②]

[①] 毛国辉. 侗族传统干栏式民居气候适应与功能整合研究[D]. 长沙：湖南大学，2012：42.

[②] 毛国辉. 侗族传统干栏式民居气候适应与功能整合研究[D]. 长沙：湖南大学，2012：49.

住宅群体中住宅间距应以能满足日照间距的要求为前提。因为在一般情况下，日照间距总是最大的。当日照间距确定后，再考虑其他因素。侗寨的民居大多是 2～3 层，高 12 米左右，而选址地形有平地和坡地两种。因此，日照间距可以视为与建筑高度一样，因而只考虑地形因素。坡地的日照间距是因坡度的朝向而异的，在向阳坡上建造的房屋之间的间距因为高差的原因，可以缩小一定的距离；反之，背阳坡就需要加大房屋之间的距离。

2. 遮阳、隔热、防晒

一是争取有利朝向。由于多山，坪坦河流域民居不十分讲究朝向，但只要情况容许，居民便会尽量争取最佳的东南朝向而避免西晒。其主要房间在一天中受日照相对要少，而且下午之后更多处于阴影之中，较少受日晒。为避免日晒之苦，追求夏日更多的阴凉，也有不少民居采取北向或东北向，使大部分主要房间变成北屋。二是采用干栏式建筑形制。为适应本地湿热气候，流域内房屋普遍采用干栏式，并形成统一的建筑风格。侗族传统住宅的干栏式的形制和穿斗式结构体系都是对自然环境的适应，体现出朴素的实用主义风格。侗族文化观念中没有如汉族一样严格的等级制度和观念，因此传统干栏式住宅在功能布局、结构体系和构造做法上都能以最大的灵活性为原则，体现出了简朴实用和不拘一格的特点。三是大量使用宽檐和宽廊。宽檐可以增加空间面积而不增加占地面积，可沿山墙出挑，可沿正背面出挑，也可在建筑四周出挑。宽廊有着良好的通风与采光，位于主要居住层面的半开敞宽廊空间的形成主要是由两方面功能决定的：从生产活动方面来说，侗族生产活动中男女的分工不同，妇女从事纺织等手工及家务劳动，需要在侗居内恰当地布置出物理空间；从使用方面来说，这样的布置可以形成充分接近自然的休息、交流场所。因此，宽廊类似于汉族传统民居中起院落功能的空间。生产生活习俗决定了对不同功能空间的需求，也由此而决定了住居内部空间的构成[①]。四是建筑密度的加大，屋内空间的增高。房屋布置密集交错，可以相互遮挡，减少

---

① 程艳. 侗族传统建筑及其文化内涵解析——以贵州、广西为重点[D]. 重庆：重庆，2004：83-84.

阳光照射，增加阴影面积。此外，适度扩大房屋内空间，也是减少热辐射的一种举措。一般主要厅堂、过厅的内部空间露明梁架，较为高敞，利于散热。其他房间则多建阁楼层，既可有效隔热，还可用于贮藏。

3. 透气、通风、纳凉

一是利用气候小环境，迎纳主导风向。在民居的选址风水观及营造经验的影响下，大多数民居选址在三面围合、一面开敞的面水背山的地理环境中。前方开敞处吹来山风，山洼处易形成负压区，建筑面向开敞一面便能接纳这股气流，使之吹遍全宅。这也是建筑要与周围自然环境相结合，从而营造出通风的居住环境的前提条件。二是利用开敞空间阻止穿堂风。建筑面对炎热的气候，需要发达通透的开敞空间。在房屋使用功能的要求下，常将一些处于纵横轴线重要通道上的房间和主要厅堂辟为敞口厅或穿堂，尽可能地开通开敞的空间，使穿堂风通畅无阻。与此同时，走道和檐廊以及巷道等交通网络也形成了气流的通道，类似"风巷"的作用，同各处的开敞空间融在一起，室内外空间空气的交换、回环、进出十分畅通。

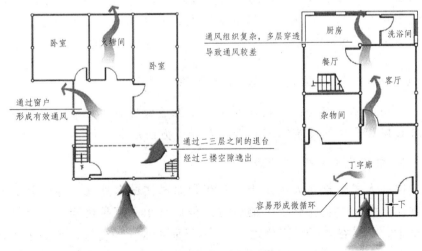

图 5-31　通风效果图

图片来源：毛国辉《侗族传统干栏式民居气候适应与功能整合研究[①]》

[①] 毛国辉. 侗族传统干栏式民居气候适应与功能整合研究[D]. 长沙：湖南大学，2012：43.

4. 防潮、除湿、排水

除了通风能带走部分潮气之外，还须另外注意防潮，减少地面含水，加强房屋透气除湿，尽快排走雨水，不产生积水。在这些方面有多种构造措施和做法。为了防水防潮，木柱与地脚枋置于圆石基础上，主要的房间铺以架空的木地板隔潮，屋面用小青瓦冷摊式铺盖，因轻薄且有缝隙而有很好的透气功能，湿热的空间受热上升，达到空间高处时易排出。每到雨季，干栏建筑的架空底层还成了水的通道。

六、营建生态智慧

坪坦河流域侗寨民居是人类营建智慧中的瑰宝，无论是在选址，还是在用材、装饰与建造工艺上都尊重自然，与大自然融为一体，和谐共生。由于历史、地理及交通等原因，这些侗族传统聚落较多地保留了该流域以山地、森林、河流、稻田、木楼、风雨桥、鼓楼、萨坛、鱼塘、侗歌、民风民俗等为基础内容的侗族原生文化的特质。随着时代的发展，侗寨逐渐吸收其他民族的长处，融入自己的民居建筑当中，使民居更好地适应自然，更加舒适宜人、适合居住。正是由于这些古朴的文化观念和生态思想，坪坦河流域的侗寨才得以完整地保存到现在。

（一）相地而生的生态适应思想

坪坦河流域侗寨民居相地而生的生态适应思想主要体现在村寨的选址布局和民居的建筑形式、选材布局等方面。

1. 依山就势的村寨选址

侗族人民生长在大山之中，与生俱来朴实的自然观。他们认为只有顺应自然，才会得到上天的眷顾。他们继承了百越民族"非有城郭邑里也，处溪谷之间，篁竹之中""山行而水处"的传统。他们依山而建，择水而居。比如，坦坪乡的阳烂寨就是典型的依山傍水村寨；双江镇芋头寨随地势变化，从芋头溪两岸一直延伸到北部山脊。溪水两岸的民居依山傍水，形成山麓沿溪型民居；峡谷两边和山脊上的民居顺势而生，形成山脊型民居；横岭侗寨三面临水，一面靠山；高步侗寨除了背山靠水的民居外，随着人口的增多，民居向山坳自然衍生，这些民居随着地势呈台地状布置；坦坪乡地势较其他几个侗寨平坦且宽阔，因此这里的民居选址在山体与河流之间的平坦地带。可见，这6个侗寨的选址都是遵循自然生态的，侗族人把大自然当作生活和生命的一部分，民居建筑在青山绿水之间，形成一幅幅优美的山水画。

2. 尊重气候的建筑形式

各类古代建筑都是因为气候条件的不同，才有了各种不同的类型，如北方的窑洞、南方的干栏式民居、藏族的碉楼等。通道县属亚热带季风气候，冬冷夏热，且侗族生活在山林之中，气候潮湿。侗寨干栏式民居就是当地人们长期适应自然环境的产物。一层架空，有利于防潮和防虫，一般用于堆放柴火等杂物，或者饲养家禽；二层为生活用房；三层为杂物间或粮仓。民居建筑依山就势采用的"吊脚楼"形式和群体组合顺应地势的处理手法，最大限度地减少了对山地地形、地貌的破坏，充分体现了侗家人"山林为主、人为客"的观念。

3. 就地取材的建筑材料

侗族村寨的建筑选材取于自然。侗族地区盛产各种木材，而杉木则成为他们主要的建筑材料。为什么独独用杉木而不用其他木材呢？那是因为杉木质地细腻、产量高、质量好、防腐、防虫、树干直，是优质的建筑材料。侗族民居不注重油饰，所有木构件都是素面，整个建筑色彩平和淡雅，呈现一种朴素之美，与四周的青山绿水融为一体，和谐共生。建筑内部空间也反映出恬静、古朴、和谐的审美情趣。

由于通道侗寨地处山林之中，盛产木材，尤其是杉木，故侗寨民居充分利用当地材料进行建造，除屋顶用小青瓦之外，其余部分都用杉木建造。侗民们经常植树造林，使得木材供给平衡，形成良性的生态循环。建筑用材取于自然，从不着意改变自然原色，而是尽可能地保留和张扬自然原色，体现对自然的尊崇和亲近，也表达了对所创造的人文景观与原生的自然景观融为一体的美好期望。

（二）避险防灾的生态安全思想

通过对坪坦河流域申遗侗寨调查发现，虽然侗族人以鼓楼为中心聚族而居，但侗族聚落并没有形成如华南汉族那样成熟的宗族制度和宗法社会。因为，侗族人聚居在一起的最初目的并不是追求所谓"大家族"的理想，不同聚落的同姓集团没有形成以族谱为媒介的宗族联合。那么，侗族人聚族而居的首要原因是什么？是安全的需要。由于艰险的自然条件和历史上复杂的族群关系，侗族人形成了以安全为导向的聚居理念。

为了应对战乱、匪盗、械斗的威胁，坪坦河的侗族人必须采取聚居的方式，以集体的力量对抗外部侵扰。他们在选址建寨的时候首先考虑的是村寨的防卫特性，所以大多数侗寨都以山为屏障，依山势将房屋建在坡地或悬崖之上。村寨之外往往是开阔的溶蚀盆地。此类溶蚀盆地底部冲积土极为肥沃，人们尽量将其开辟为农田，以满足大规模人口聚居的需要。这些农田既是侗族人生活资料的主要来源，也是确保侗寨安全的缓冲地。这样的内外布局使得侗寨具有很强的军事防卫性。如侗族学者邓敏文认为，"从村寨结构和文化特质上看，古老的侗寨也具有防卫性军事营垒的功能"[1]。

侗寨的军事堡垒特性只能有效防卫外来侵犯，而其内部的最大危险在于"火灾"。由于侗寨主要的建筑材料是木材，而且数百人甚至数千人聚集在一起，一旦某家失火，则整个侗寨可能成为一个焚烧场。因此，出于安全考虑，侗族聚落必须要有一套防火的文化设置。首先，寨内以青石板砌成的道路纵横交错，把整个寨子连接成完整紧凑、错落有致的文化景观。平时，这些青石板路连通各家各户，促进邻里和谐来往。一旦火灾发生，不但起到隔离火情的作用，而且有利于疏散人群。其次，寨内鱼塘众多，这些鱼塘不仅起到重要的消防用水的功能，而且是侗寨地下排水系统的重要组成部分，起到过滤生活废水的作用。再次，建立巡寨守寨制度。依据传统的"款约法"，侗族人将各种防火防盗的禁令刻在石碑上，作为维护村寨安全的日常行为规范，若有违反则必须严加处罚。如坪坦村《防火公约》规定："引起火灾事故者，除按法律法规处理外，对其罚大米 120 斤，肉 120 斤。严禁柴

---

① 吴浩主编. 中国侗族村寨文化[M]. 北京：民族出版社，2004.

草进寨，乱堆乱放，乱接乱拉电源线路；严禁在寨内焚烧柴草、杂物，违者每次罚款 10 元。"为及时发现问题，杜绝灾情，各寨还实行巡寨守寨制度。如中步寨"款约法"规定，各家派一人参加守寨轮值，每 4 人 1 组，共 17 组。巡寨守寨制度规定："晚上守寨时，一定要打更走巷，直到天亮后方可离岗……擅离岗位，罚款 10 元。"这些乡规民约和巡寨守寨制度是侗族传统聚落原始军事自治文化的延续。

（三）人境共融的生态和谐思想

文化的融合性是文化变迁的基本规律。坪坦河侗族聚居模式的当下形态不是侗族单一文化发展的结果，而是侗族文化在历史上与汉族及其他少数民族族群文化相互碰撞、相互交融的结果。坪坦河侗族聚落文化的融合性表现在 3 个方面：

一是自然景观与人文景观的交融。坪坦河特有的风水、山脉、土地、森林资源以及各种保护完好的生态环境使得坪坦河具有无可比拟的自然景观条件。当地侗族人祖祖辈辈置身其中，以其山区农耕文化所特有的生态智慧和生产技术构建了与自然环境和谐共生的建筑景观，创造了独具特色的生活习俗和各种文化活动，实现了自然景观与人文景观的完美融合。

二是民族文化的多元融合。几乎在所有侗寨都随处可以见到汉族儒家文化、道家文化、佛教文化以及苗族文化等多元文化的存在。譬如孔庙、南岳宫、云霞寺、苗族先民祭台等文化符号穿插在侗族人所特有的鼓楼、萨坛、飞山庙等文化空间之中。不同文化和谐共存，共同成为当地人聚居模式的构成要素。

三是村落发展历史中的"移民身份"与"土著身份"的融合。因为村落共同体整合的需要，当地人的历史叙事通过有选择性地保存一部分移民历史记忆，并将其和典籍正史中关于土著侗族人的记载相结合，实现其"双重身份"的融合。这种所谓"双重身份"的融合对于坪坦河流域申遗侗寨具有重要的文化象征意义，表现了当地人对自我历史进行建构的策略，也使得这些大型聚落拥有了"久远而稳定"的过去。

坪坦河流域侗寨聚落非常集中，而且规模宏大，这是山区农耕文化传统中古村落的典型代表。其典型性首先表现在聚落模式的族群特性上。几乎所有的侗族村寨都呈现出基本相同的风格，从形式上看体现为对自然环境的文化适应；而从内涵上看则体现为侗族人强烈的族群内聚力和认同感。所有建筑物都以鼓楼为中心排列，这种排列方式象征着社会群体的分类，即一个鼓楼及其周边的民居对应着村寨内部一个父系血缘群体。这种以聚落空间来表征社会结构的文化现象在其他农耕族群中比较少见。同时，坪坦河流域侗寨的聚落典型性还体现在其特有的自然生态的地方性特征上。坪坦河流域因拥有其良好的水资源条件和大面积肥沃的天然溶蚀盆地，故这里的侗族先民可以在这些土地上开展精耕细作的农业生产方式。正如所有的农业文明所体现的聚落特征一样，生活在这片土地上的人民可以依赖土地而祖辈传承，成为相对稳定的村寨共同体。坪坦河流域侗寨在近数百年里虽历经变迁，但其聚居模式依然保持原貌，按照祖辈们既有的方式延续其文化传统和居住方式。在坪坦河，几乎所有的侗寨都表现出相同的文化符号、一致的建筑风格、自足的生产生活方式和聚落内部统一的社会结构。无论是形式还是内涵，坪坦河流域侗寨聚居模式都体现为高度的同质性和统一性。可以说，这些侗寨集中代表了侗族这一个族群整体的聚落文化特征，对研究侗族聚居模式具有普遍性的价值和意义。

（四）人地共生的生态发展思想

自宋元时期始，坪坦河侗族祖先便开始了他们的村落开发史，到明清时期就形成了规模宏大的杂姓聚族而居的聚居模式。他们生活在华南丘陵向云贵高原过渡的狭长山地，这里山多地少，要怎样才能形成并维持数百甚至数千人的大型聚落呢？为解决这一问题，数千年来侗族人必须在有限的土地上进行精耕细作，有效利用土地并有效地恢复土壤肥力，维持区域性的生态平衡，这样才能维持规模宏大的村落共同体的生存与延续。可以说，侗族聚居模式是山区农业文明所创造的文化奇迹。坪坦河流域特有的风水、山脉、土地、森林资源以及各种保护完好的生态环境使得坪坦河具有无可比拟的自然景观条件。当地侗族人祖祖辈辈置身其中，以山区农耕文化所特有的生态智慧和生产技术构建了与自然环境和谐共生的建筑景观，创造了独具特色的生活习俗和各种文化活动，实现了自然景观与人文景观的完美融合。

首先，聚落选址一律依山势水形，充分将坡地改造为聚落空间，将山涧河流的冲积坝子改造为良田，最大限度地提高土地利用率，增加生存空间。虽然生活在山区，但狩猎不是侗族人主要的生计模式。他们采取的生产方式主要是水稻耕作，以及由此衍生的人工营林业经济。水稻耕作为坪坦河形成大型村落奠定了经济基础，保证了不断增加的人口可以获得足够的粮食和营养供给。人工营林业表现了侗族人可持续利用自然资源的生态策略和生态智慧，不仅补充了水稻耕种的不足，而且为水稻耕种提供了足够的生态支持。两种经济方式相辅相成，水稻耕作需要充分的水源，而完美的生态环境和不被破坏的森林资源则是水资源的天然保障。侗族人自古以来就在森林生态环境与人类活动之间寻求文化平衡，并形成独特的与自然和谐相处的文化。

其次，坪坦河侗族维持规模巨大的聚落还得益于他们立体式利用生物资源构建起的"稻田鱼鸭共生模式"，这是侗族人传统的生态智慧在农耕生产中的体现。"稻田鱼鸭共生模式"对山区农耕经济乃至于现代农业系统具有重要的启示价值。因此，侗族的"稻田鱼鸭共生模式"于 2011 年被选为"全球重要农业文化遗产"，引起了联合国粮农组织（FAO）的重视。作为侗族村寨生存与发展最基本的农业生产技术类型，其活态的遗产价值不仅表明人类可以和谐地处理与土地的关系，而且对保存农业生物多样性、维持可恢复生态系统和传承高价值传统知识具有全球性的典范作用。

第三，坪坦河侗族大规模的传统聚落在建筑特征上树立了乡土性建筑遗产的典范。对所有建筑物，无论是鼓楼等公共建筑空间，还是家屋等私人建筑空间，侗族人均就地取材。从生态匹配和资源循环的角度看，这完全实现了人与自然的和谐相处。侗族人的建筑，从梁柱到建筑构件的连接物均不用一个铁钉。木质建筑物需要消耗大量的木材，侗族很早便形成了人工营林经济方式。人工营林业表明，侗族传统建筑文化是侗族地区传统生态系统的产物，是侗族人适应山区环境的文化选择。同时，建筑遗产不仅仅是由建筑材料构成的立体几何空间，也是一定群体社会结合的物理形式。坪坦河流域申遗侗寨所有建筑物均依地势而建，不拘泥于坐向，但整体上都以鼓楼为中心，显示了农耕文明强大的内聚力。这种乡土性建筑遗产不仅仅外观造型特殊，更重要的是，它们也成为一个族群强化内部认同的重要载体。

第六章　传统聚落的生计智慧

世界环境与发展委员会（WCED）的报告中将"生计"和"可持续生计"定义为"生计是拥有足够的粮食和现金储备以满足基本需求"，可持续性生计是指"家庭可以通过多种方式获得长期维持或提高资源生产力的活动组合，如通过就业获得适当的报酬"[①]。"生计"这一概念在不同的研究视角下也有着不同的内涵和外延。从文化人类学的视角，周大鸣认为生计是人们维持生活的计谋或办法[②]。罗康隆提出生计是在周边自然环境和社会环境的综合复杂互动作用下形成的，一个民族的生计方式并不是对自然环境和社会环境的被动应付，而是该民族针对特定的生存环境，经由文化的创造和作用的结果[③]。此外，生计还受到科学技术进步的影响。也可以说，生计是环境和技术综合作用下的产物[④]。正是人类生存环境的多样化才形成了不同的生计活动。传统聚落的生计模式和生计智慧是生态智慧中的重要组成部分，是传统聚落居民生物适应最直观的体现。

一、土地资源利用

土地作为生计模式的重要物质条件，各部门生产活动都离不开土地，都占有一定土地面积作为其活动范围。坪坦河流域是典型的"九山半水半分田"的山区，山地面积占整个区域面积的 80%~90%。据

---

① WCED. Our common future (The Brundtland Report)[M]. Oxford: Oxford University Press, 1987.

② 周大鸣. 文化人类学概论[M]. 广州：中山大学出版社，2009：2.

③ 罗康隆. 论民族生计方式与生存环境的关系[J]. 中央民族大学学报（哲学社会科学版），2004（5）：44-51.

④ 孙秋云. 文化人类学教程[M]. 北京：民族出版社，2004.

第六次全国人口普查数据，流域内总人口数为 30 177 人，占全县总人口的 12.39%，大部分分布在河谷、溪谷两岸，少部分居住于半山坡，主要从事农业生产。

（一）土地利用总体结构

根据系统论观点，结构决定功能。用地结构合理，才能保持土地利用系统的良性循环，才能使土地利用效率最大化。优化结构，提高功能，才能用较少的消耗或投入取得较高的效益。根据通道县土地利用变更调查统计资料，我们得到了该流域土地利用现状结构情况（表6-1）。

表 6-1　坪坦河流域土地利用现状（单位：公顷）

土地分类		面积（公顷）	占总面积的比例（%）
农用地	合计	26 176.27	93.37
	耕地	2798.13	9.98
	园地	428.76	1.52
	林地	22 904.77	81.70
	牧草地	44.61	0.17
建设用地	合计	1369.44	4.88
	居民点及工矿用地	650.18	2.32
	交通运输用地	272.67	0.97
	水域与水利设施用地	446.59	1.59
其他用地	合计	488.72	6.6
	其他土地	488.72	1.75
全流域土地用地总面积		28034.43	100

数据来源：通道侗族自治县国土资源局，数据统计时间为 2014 年底

从表 6-1 中可以看到，该流域土地总面积为 28 034.43 公顷，其中农用地 26 176.27 公顷，占土地总面积的 93.37%；建设用地 1369.44 公顷，占土地总面积的 4.88%；其他用地 488.72 公顷，占土地总面积的 1.75%。该流域主要用地类型为农业用地。其中，林地与耕地比重大，林地面积高达 81.7%，说明农业类型以粮食与林业为主。建设用

地统计将双江镇包括在内，而双江镇为通道侗族自治县城所在地。

从村域尺度上看（表 6-2），坪坦河流域土地利用数量结构呈相似性，这说明坪坦河流域自然条件、社会经济文化条件大体接近，处于同一背景水平。

表 6-2　坪坦河流域传统聚落所在行政村地类结构（单位：公顷）

行政村	耕地	园地	林地	草地	城镇村及工矿	交通运输	水域及水利设施	其他
芋头	72.45	21.92	714.43	0.91	9.77	2.47	5.37	13.04
阳烂	53.81	0.95	355.75	0.77	4.81	1.69	11.76	8.71
横岭	93.43	4.77	902.99	3.84	13.73	4.08	22.17	13.91
高团	33.01	0.64	236.40	0.41	4.41	1.35	6.46	4.66
高升	48.86	0.90	196.87	0.17	5.04	2.66	7.85	7.11
高上	31.09	0.65	190.24	0.15	3.64	0.90	3.48	4.34
克中	46.77	2.33	297.02	0.94	5.94	1.99	5.28	7.19
高本	67.11	1.16	425.21	0.39	5.54	0.58	3.91	11.97
中步	64.46	1.75	450.46	0.59	6.73	2.30	6.68	10.65

数据来源：通道侗族自治县国土资源局，数据统计时间为 2014 年底

（二）土地利用多样化分析

土地利用类型的多样性是反映土地利用类型总体结构的重要指标，主要反映区域内各种土地的齐全程度或多样化状况。利用吉布斯-马丁（Gibbs-Mirtin）多样化指数公式，其计算公式为：

$$G = 1 - \sum_{i=1}^{n} f_i^2 \Big/ \left(\sum_{i=1}^{n} f_i \right)^2 \qquad （式 3\text{-}3）$$

式（3-3）中，G 为多样化指数，n 为土地利用分类数，f_i 为第 i 类土地利用类型面积。$i=1$，说明一个地区只有一种土地利用类型，此时 $G=0$，多样化指数最小；如果某一个地区土地利用类型越多样，则 n 越大，G 越接近 1；当 $n \to \infty$ 时，多样化指数 $G \to 1$，达到最大值。利用表 6-1、表 6-2 中数据与式 3-1 可以计算得到多样化指数分布情况（见表 3-3）。

表 3-3　坪坦河流域土地利用多样化指数

地域单元		多样化指数	地域单元		多样化指数
乡镇尺度	双江镇	0.34	传统聚落所在行政村	高团村	0.30
	陇城镇	0.30		高升村	0.43
	黄土乡	0.30		高上村	0.32
	坪坦乡	0.29		克中村	0.32
传统聚落所在行政村	芋头村	0.27		高本村	0.30
	阳烂村	0.32		中步村	0.29
	横岭村	0.26			

从计算结果来看，流域内无论从乡镇尺度，还是村域尺度，多样化指数值始终在 0.29～0.43 间变化，说明土地利用多样化程度相对较低。按系统自组织理论的观点，系统要保持一个稳定的结构，系统要远离平衡状态。多样化指数计算结果表明，坪坦河流域土地利用系统远离平衡状态，趋于一个稳定的结构。这个结构意味着想短时间改变土地利用方式，需要系统外部强大的负熵输入，而这个负熵输入就是生计模式的表现。

（三）聚落居民点土地利用

聚落居民点土地利用是指村民用于建设住房以及与居住生活有关的建筑物和设施用地，即农村村民居住和从事各种生产及服务活动的聚居点，包括农民居住区内的主房用地、附房用地和晒场、庭院、宅旁绿地、围墙、道路，以及空闲的宅基地等用地，是一个复杂的土地利用综合体。它主要涵盖了农民住宅用地、村内道路、村内服务设施用地等相关用地。农村居民点大致可以分为乡镇（乡镇政府所在地）、中心村和自然村，地类统计中包括村庄与农村道路用地，一般采用户均用地、人均用地指标与全国农村居民规定指标对比来研究。

从调查的数据来看，坪坦河流域无论从乡镇尺度还是村域尺度，户均用地除克中村外，其余均超过全国农村户均用地 264 米^2 的山区标准，最高达 520.3 米^2，但从人均用地来看，均低于全国 150 米^2/人的标准。原因在于流域内居民家庭结构为传统的侗族家庭，户均人数高于

2000 年中国农村户均 3.96 人（克中村除外），远高于同期全国户均 3.02 人这一数值。人均用地低还与侗族传统村落土地利用模式、住房建筑结构有关。侗族村落大多以鼓楼为中心，呈团状分布，住房则清一色为干栏式住房建筑，无形中促进了节约用地。

以上分析可以看到，坪坦河流域无论是从乡镇尺度还是村域尺度，土地利用主要集中于林地、耕地，这反映出该流域自然条件、经济发展条件、文化传统具有某种共性，主要在于流域面积较小，土地在水平方向分异相似。土地利用多样化指数说明土地利用系统目前处在一个比较稳定的状态。侗族传统聚落用地模式提高了该流域居民点用地的集约度。

二、主要生计模式

土地资源是农耕民族所依赖的重要资源之一。农耕民族在发展的历史长河中，往往会基于本土知识，创造出适应本土自然环境的生计模式。侗族作为一个典型的农耕民族，继承了百越民族集团早期的文化基因，成功地创造出两种对自然资源—土地资源的利用技术，从而使本民族文化得以不断延续。

（一）稻田鱼鸭共生模式

人类生存需要稳定的食物来源，不同的文化集团对自然资源的适应方式不同。人类从采集狩猎的获食方式向利用土地耕作获取食物转变，这使得人类发展迈向农耕文明时代。侗族人长期实践摸索，兼受外来文化的影响，基于地方知识，创造了一种稻田鱼鸭共生的综合、立体的土地资源利用模式，从而获得了较为稳定的食物资源。

1. 模式的组成与内容

所谓"稻田鱼鸭共生模式"又称"稻田鱼鸭共生系统"，是指利用稻田浅水环境，辅以人为措施，既种稻、养鱼，又放养鸭，以提高稻田生产效益的一种对有限的水田资源综合利用的生产模式。在实际调查中，也存在"稻田鱼共生模式"和"稻田鸭共生模式"。这些广泛存在于侗族地区的生产模式，是侗族人们千百年来对自然资源获取所形成的一种稳定的适应机制。如果用生态经济学的观点说，这种模式就是"生态经济"或"循环经济"。

任何一种系统不同的基本因子相互作用、相互联系，本质就是物质、能量、信息的流动与转变，唯有如此，才能形成一个系统或整体。"稻田鱼鸭共生模式"的组成可由图 6-1 看出。

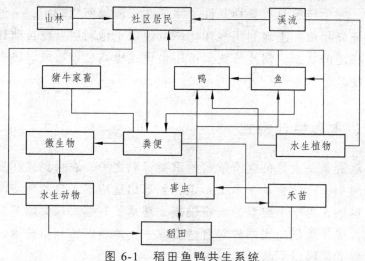

图 6-1 稻田鱼鸭共生系统

图片来源：作者自绘

从生态学角度来看，该系统的优势物种是鸭、鱼、稻。人类通过投入少量的物质与能量，获得比较稳定与多样化的食物资源。这个过程就是一个生态、经济与管理的过程，也是侗族人创造的地方文化。

2. 模式起源与发展

侗族耕作文化是侗族群体在不断迁移、受外来文化冲击、生境不断变更中，对环境的认知与知识的积累中形成的。陈茂昌先生认为侗族的文化或者说对自然资源的适应模式大致经历了滨水渔业文化、低山丛林狩猎—采集文化、湿地游耕文化、山地与坝区林粮兼营农耕文化 4 种文化类型[①]。而侗族文化是在稻作文化发展过程中孕育形成的，

---

① 陈茂昌. 论生态恶化之成因——侗族文化转型与生态系统耦合演替[J]. 贵州民族研究，2005（4）：74-79.

这说明了稻作文化对侗族文化的形成与发展是何等重要。

　　当今的侗族究竟是土著民族还是迁居于此后形成的，学术界莫衷一是。但有一点可以断定，侗族是由古"南蛮""百越"族演变而来的，但"南蛮""百越"都不是一个单一的民族，这是对广大地域内的所有居民的泛称。自秦统一中原后，蛮越（南蛮与百越的合称）才成为长江以南广大地区各民族的泛称，包括沅江流域各民族。南方蛮越居民为适应其所处的炎热、潮湿、滨水的自然生态环境，形成了其所特有的以渔业采集为生计的文化。这是蛮越民族文化经历的第一个阶段①。由于获取主要食物资源需要大面积水域，为了适应环境，出现了水域干栏式的滨水村落。蛮越居民除了猎捕水生动植物外，也捕捉和采集部分傍水丛林中的野生动植物，以供生活所需。

　　侗族第二次文化类型的形成来自外部政治力量的推动。秦始皇统一六国后，将势力范围向当时百越居住的南方地区拓展。于是"乃使尉屠睢发卒五十万……又以卒凿渠而通粮道，以与越人战"②。当时秦兵沿赣江、湘江与沅江分三路南下，于公元前 214 年征服漓江流域与南越地区。而沿沅江南下的西线秦军遭越人顽强抵抗，"杀西呕君译吁宋，而越人皆入丛林中，与禽兽处，莫肯为秦虏"。秦军始终未能跨越"镡城之岭"，终未能到达今日侗族居住之地——沅江上游与都柳江一带，因此这一带侗文化保留完好。公元前 111 年，汉武帝两次出兵征讨南越，迫使境内越人氏族与部落向中央王朝势力薄弱的湘黔桂交界安全地带转移。他们大多沿河北上，居住在沅江下游与湘江流域的氏族可能沿沅江溯源而上至今日侗人居住区。避入江河沿岸的越人生境已然改变，这迫使他们采取新的资源适应模式。"火耕水薅，食鱼稻，以渔猎山伐为业"，即湿地游耕。具体做法是，趁初春季节性气候干燥，用火将河滩地上头一年的作物秆篙焚毁，引水浸润后播下稻种，让禾苗与旱生杂草一道生长。待禾苗长到一定程度后，随着雨季到来，任由河水淹没河滩，让危害稻秧的旱生杂草被水淹死，从而达到中耕目

---

①　陈茂昌. 论生态恶化之成因——侗族文化转型与生态系统藕合演替[J]. 贵州民族研究，2005（4）：74-79.

②　刘安. 淮南子全译[M]. 许匡一，译注. 贵阳：贵州人民出版社，1993：103.

的。其耕作方式既不需营建固定农田，也不用畜力翻耕，仅仅通过改变河水流向，就能实现对耕作地块的人工控制，因而湿地游耕与真正意义上的固定农田耕作截然不同。侗族人沿着河滩地带休耕轮作，故地力可得自行恢复。

由于唐朝军事力量的扩大，中原居民大量涌入并占据滨水地带，较先进的生产方式也随之输入，加上侗族先民游耕经验的积累足以使其从事固定农田耕作，于是侗族先民退出沅江流域河谷河滩地域，转入丘陵缓坡地带。侗族文化发生了第三次转型：从原先的滨水游耕发展成为连片的固定农田耕作。这一转型直到宋朝南迁后才最终完成，侗族也在这一背景下发展成为单一民族，与其他古"越人"的后裔拉开了文化上的差距。第三次转型后的侗族文化集中表现在两方面：一是丘陵缓坡丛林地带被广泛开辟成连片固定农田，规模宏大，"周数千里，皆腴田"。二是大型的固定村落建立起来。

随着中原地区的开发，经济中心南移，汉人居住区的木材逐渐缺乏，到元朝时木材需求量大增。而今天侗族居住区在当时原始森林茂密，木材资源极其丰富，加之有天然的水运条件，故诱发了侗族文化的第四次转型：由固定稻田农耕文化发展成为"林粮兼营"的农耕文化。据《百苗图》载："在清江所属，以种树为业，其寨多富。""男人以红布束发，项有银圈，大耳环，宽裤子，男女皆跣足，广种树木，与汉人同商往来。……汉人与之往来熟识，可以富户作保，出树木合伙生理。或借贷经商，不能如期纳还，不妨直告以故，即致亏折，可以再行添借。"

"稻田鱼鸭共生模式"可能产生在于固定稻田农耕文化形成之时，因为有先人食鱼的习俗，我们猜测当时侗族可能养鱼。同时这种模式是伴随着木材资源被大规模采伐而逐渐推广的。从时间来看，宋朝才有固定的农田出现，而这一模式在明朝、清朝盛行。《道光黎平府志》中详细记载了鲤鱼的孵化和养殖方法："清明节后，鲤生卵附水草上取出，别盆浅水中置于树下，漏阳暴之，三五日即出仔，谓之鱼花，田肥池肥者，一年内可重至四五两。"饲养方法如此精细，非一日之功，且得官方记载佐证，说明这种模式已经被广泛采用。而这一时期也是汉族居住区对木材需求旺盛的时期。现有的研究表明，这种模式是侗族人基于时间的考虑而选择的，因为采用这种模式除了能够维持基本的食物保障外，还能腾出更多的时间去经营人工林来满足汉族地区巨大的木材需求。

3.模式的价值

这一持续几百年的人工生态系统，侗族人从中得到了什么？从自然资源学的角度审视这一问题，答案就明了了。从中得到的实质上就是生态系统功能所提供的福利。生态系统服务功能是指人类从生态系统中获得的各种效益，包括各类物质产品以及生物遗传资源供给功能、生态系统调节功能、文化功能和支持功能。人类福利具有多重成分，包括维持高质量的生活所需要的基本物质条件、自由权与选择权、健康、良好的社会关系以及安全等。对福利的体验与表达，与周围情况密切相关，但无论如何，生态系统具有的供给功能、调节功能、文化功能和支持功能，是任何一个人类群体都不可缺少的。图 6-1 展示了侗族人民在利用水田资源的过程中采取的稻田鱼鸭共生模式所带来的各种功能与福利。

该系统不但为侗族人们提供了多样化的产品，还提供了更多生态服务，更重要的是对侗族文化的形成、传承起到基础性的作用。因为侗族的文化就是基于稻作文化而发展起来的，以至于有学者直接把侗族文化叫作稻作文化。

作为一个侗文化保留较好的地区，加之有坪坦河河运条件，这种土地综合利用的模式在流域内的侗寨广泛采用。然而，起于何时，据现有的资料难以确定。但有一点可以断定，1949 年以前不久该模式曾广泛存在，至中华人民共和国成立后，特别是 1956 年起，政府强行在侗族地区推行"糯改粘"，到 20 世纪 70 年代大面积推广杂交水稻，这种模式逐渐消失。到 20 世纪 80 年代初，随着农村承包到户政策的实施，村民的自主性增大，该模式又在该地区大面积采用。但时至今日，这种模式在坪坦河村寨中已不多见。根据实际走访，原因可能来自以下几个方面：第一，农药、化肥广泛使用，对鱼、鸭产生很大的影响。第二，现有的水稻品种并不适应蓄较高的水位来满足鱼生长的需求。第三，白鹭的增多要求稻田的水深，而水深不利于现有的水稻的生长。

白鹭增多是因为传统的白鹭栖息地——平原、湿地环境遭到破坏。第四，外出务工人员增多（约 30%~40%），人们没有更多的时间管理这种模式。第五，稻田鱼鸭共生模式相对于现代农业来说，虽然能使产品供应多样化，但毕竟提供的产品数量有限。第六，该模式为什么在侗族文化历程中持续时间长？最重要的一点，是这种模式与侗族森林资源的开发利用是互相强化的，也就是说，这种模式存在的一个重要的背景就是林业的开发利用。随着社会条件的变化，这种情况已不复存在，因而模式难以为继。第七，随着外出务工人员的增多、经济收入的提高、观念的改变与市场与交通条件的改善，人们的消费与需求日趋多样化，不再局限于鱼鸭等食物。

（二）林粮间作模式

林粮间作生计模式是侗族人对土地资源综合、高效利用的又一重要创举。从人类生态学角度来理解，就是侗族人民在长期对自然资源的适应过程中形成了一种本土策略。林农在植树造林的过程中发育出了林间套种农作物的耕作方法，俗称"林粮间作"。林农在新造林地展开林粮间作，以耕代抚，达到林粮双收。实际上，"林粮间作"只是一种泛称。侗族人根据自然条件差异以及耕作半径和自己的需求，还发展了"林菜间作"和"林果间作"等间作方式。"林粮间作"主要在林地里套种小米、黄豆、玉米、红苕、荞子、洋芋等。"林菜间作"主要在林地里套种辣椒、红萝卜、白萝卜等。"林果间作"主要在林地里套种西瓜、地瓜等。无论哪种方式，都是充分利用有限的土地资源。这里主要探讨"林粮间作"生计模式。

1. 模式的发展与生产过程

侗族林粮间作模式实质是由外部因素推动的。在侗族农耕文化实现第三次转型后，侗族社区的经济逐步处于一个自给自足的状态。随着中央王朝对侗族地区的影响，侗族人对林业的开发有了进一步发展。14 世纪以后，经过了明代初期经济的繁荣阶段，汉族核心地带的农田日益扩大，中原地区森林资源开始匮乏，而侗族地区的原始林木在足够侗族自用之余，还拥有了大量的原木资源，于是侗族地区的原木开始外销。随着侗族地区原木外销量的剧增，沿江溪流地区的原始森林开始萎缩，侗族的人工营林开始提上议事日程。进入清代以后，侗族的人工营林业已初具规模。

所谓"林粮间作"生计模式实际上是侗人在进行人工育林过程中的一个中间环节。一般来讲，侗族人从烧畲清林到杉林郁闭这个过程需要八年左右的时间。完成这个过程的最终目的是想获得木材。因为木材的需求量大，价格高，人们用它带来的收入购买粮食、糖、盐与手工业品等。从清林到杉林郁闭，人们对整个生产、管理总结出一套适合本土自然环境的方法与经验，主要集中于时间的安排与农作物的选择上。一般在进行烧畲清林后保持地形原貌，选择一些先锋的农作物进行粮食生产，大约需持续三年。这样做的原因一方面是迫于粮食的需求，一方面进行粮食生产过程中可以清除杂草，疏松土质，增加土壤肥力，以便为杉苗提供更好的生长环境。后五年基本上"三年锄头两年刀"，这才真正进入"林粮间作"阶段。即前三年用锄头栽杉种杂粮，主要有小米、玉米、红薯、豆类等；后两年以柴刀修枝定型，促进林木生长。人工造林与"林粮间作"在林木郁闭前三年是同步进行的。"林粮间作"三年中（因自然环境不同，有些地区可能是四年），对农作物种植年份的顺序是非常讲究的。第一年种小米的情况较为普遍，因为小米播种容易，又耐旱，投入的劳动力较少；第二、三、四年栽种红薯、苞谷等杂粮。"林粮间作"为林农提供足以果腹的粮食，到杉树成林枝叶茂盛后才停止粮食作物种植。

2. 模式产生的缘由与机制

文化生态学研究表明，任何文化集团或人类群体在进化过程中，对自然资源的适应往往采取多样化、灵活的策略。这些策略包括资源利用的技术、有效的社会组织、对资源的观念、对自身数量的控制、自然资源的产权归属以及自己的消费需求观等，同时还要有对其他群体的适应策略。侗族"林粮间作"土地利用模式正是对上述策略综合作用的产物。

"稻田鱼鸭共生模式"这种资源适应技术只是满足了大部分食物资源和人体所需营养元素的需求，然而，由于侗族居住区往往有洪涝、干旱、冰雹、寒潮等自然灾害，这会造成食物供给不稳定。另外，群体的需求不仅仅局限于食物，还需要其他必需物质与手工品，如食盐、铁器等。这些现实的需求迫使侗族人寻找新的适应策略。当然，食物的稳定供给，可能是原初的动机。有侗族民谚为证："种树又种粮，一地多用有文章，当年有收益，来年树成行。""林粮混栽好，一山出三宝，当年种小米，二年栽红苕，三年枝不密，再撒一年荞。""种树又种粮，办法实在强，树子得钱用，粮食养肚肠。""栽树又种粮，山上半年粮。"民谚也佐证了生产木材用于交换商品，间种是为了满足粮食的需求。

"机制"一词最早产生于古希腊，主要用于研究机器构造与运行。它要解决两个问题，一是机器由哪些零部件组成；二是这些零部件是如何相互作用而使机器正常运转的。借用此概念的基本思想来分析：第一，哪些因素导致"林粮间作模式"的出现；第二，这些因素是如何相互作用，使得这种土地资源利用模式从过去延续至今的。用人类生态学的术语叙述就是，资源的哪些禀赋使得"林粮间作"模式这种文化的适应策略出现，这种文化上的适应得以成功的原因是什么。大致可以归纳为以下几个方面的因素：

首先是自然条件。现今侗族居住区以低中山和丘陵、盆地、谷地为主，其中山地比重最大，是俗语所称的"九山半水半分田"的典型山区，山地面积占整个区域面积的 80%～90%。亚热带季风湿润性气候正常年份提供 1000～1300 毫米的降水。土层深厚，有机质含量高。这些得天独厚的自然条件非常利于林木的生长。但是，按人文地理学可能论的观点，自然条件只提供一种文化出现的可能与基础，并不是最终决定因素。

其次是人文条件。事实上，一种文化的出现往往与其内部人文条件与外部的人文条件有很大的关联性，从某种程度上说，是与其他文化相互融合的结果。这些人文条件可能涵盖历史、技术使用、市场需求、运输方式、制度、可利用的资源、观念与信仰等。① 历史。人类发展进程中很早就开始了对木材的关注与使用。中国神话中燧人氏钻木取火的传说以及古人在树上筑巢都是利用树木的佐证。依人文地理学环境感知论（Environmental perception）的观点，每个族群都生活在一定的环境中，环境及文化影响必然在人们头脑中形成一种印象。这种由环境产生的印象就称为环境感知。一旦环境感知形成，它就会影响该群体对环境的认知与利用。侗族人在长期的狩猎经济中不可能不受先人环境感知的影响。事实上，据文献所载，侗族至少在 9 世纪以前就已经定居于这一地带，并且已经进入稻田农业时代。由于侗族人民面对的是一个"八山一水一分田"的特殊自然环境，在走向稻田农业的同时，一直重视对山地资源的开发和利用。早先他们主要从事原始森林采伐以及丘陵地带经济林种植。随着汉族发达地区原木价格的上涨，以及侗族地区原始森林的资源的衰减，特有的人工用材林业逐渐发展起来，从而使侗族形成了林粮间作的经济生活特征。② 技术使用。由于"稻田鱼鸭共生利用"技术的成熟，一方面，这种土地利用模式提供较为稳定的食物资源，使得侗族人有足够的耐心去进行林木生产，因为林木生长周期一般为 18 年左右；另一方面，这种水稻的栽培技术为林木的生产栽培提供了技术借鉴。据罗康隆（2004）的研究，侗族人对人工林木的栽培、管理完全按照水稻生产的流程进行。这种所谓的"路径依赖"有力促进了人工林的发展，同时也降低了侗族人获得其他资源的可能性。③ 市场需求。按人类生态学的观点，这实质上是指侗族群体对其他群体的适应。不同的群体在同一区域占据不同的环境时，他们可能相互依赖，进行资源交换或贸易，使得每一个群体均得益于另一个群体的资源。如前所述，侗族人林木生产主要是为了交易，其大量需求主要来自明朝与清朝及下游其他民族的人。④ 交通方式。侗族居住区地形崎岖，溪流沟壑众多，交通极为不便。唯一可行的运输方式就是水运。木材的特性使其极适合水运，可以扎排顺流，也可以散流，并且运输过程中不变质。按经济学家杨小凯的观点，当交易成本很高时，分工不可能出现。侗族木材外运主要为满足汉人需求，距离远，时间长，加之许多地区需等河水上涨才能外运木材，因此不可能出现专门生产林木的专业户，多数农户还是以林粮兼作为主。⑤ 资源的可得性。侗族人在当时的技术条件下，获得的资源种类与数量都是非常有限的，大多为生计食物资源。部分地区也开采矿产，然而毕竟这种现象只在局部地区发生。因此满足外在群体需求的资源非常少。捕杀野生动物、饲养动物和采集药材为历史上许多群体交换提供了主要物资。但是，侗族人特有资源观和农业伦理限制了上述活动的出现，药材采集仅满足他们自己的需求。木材生产投入少，产量高，需求也较大，这些因素相互作用，木材交易可能是当时最好的选择。⑥制度。对资源的适应最重要的一点是资源分配制度。大量的研究显示侗族林粮间作得以持续发展的重要原因在于它具有独特的资源权属制度。一是对宜林地的家族公有制，二是跨家族跨地域的盟约组织——"合款"。前者解决了人工用材林业的长期稳定经营问题，后者解决了经营中的产权变动问题。⑦观念与信仰。现在看来，侗族人具有珍惜生境的生态价值观，保护森林、土地的宗教价值观等，这些观念具体体现在对树、土地、山、石头等的崇拜上，也深入人们的日常行为中。侗族地区每建一个新寨，都会于寨内选择一址，安置地神。这些生态观还体现在一些乡规民约上，如咸丰元年（1850）立于湖南省通道县播阳镇上厢村的蓄禁碑文载："从来天之暖，物始生地之灵也，人方杰故……我上厢后龙山，自祖辈含抱之树，常有数千年，后人不肖挟私妄砍，以致山林本之美，转成濯濯……我等抚今思昔，不胜心伤也，因于咸丰元年共聚醮，共同计议，凡寨边左右前后，一切树木俱要栽培……一切树木俱要蓄禁，不许妄砍，有不遵者，系是残人共同责罚，决不宽容。"同治八年（1869），黎平县潘老乡长春村立下禁碑："吾村后有青龙山，林木葱茏，四季常青，乃天工造就之福地也。为子孙福禄、六畜兴旺、五谷丰登，全村聚集于大坪饮生鸡血洒盟誓，凡我后龙山与笔架山上一草一木，不得妄砍违者，与血同红、与洒同尽。"正是这些观念与信仰促进了林业的可持续发展。可以说，自然条件只是为"林粮间作"模式提供可能，人文条件才是最终决定力量。

可以看出，"林粮间作"实际上是在汉族地区对木材需求的扩大、侗族人进行人工营林这种背景下产生的。在杉苗生长期间选择"林粮间作"是侗族人在长期实践中摸索总结出来的。这种基于本土知识产生的育林技术，一方面是源于粮食需求的压力，一方面对杉苗的生长十分有利。这种有利，潘盛之①（1998）做了很好的分析：林农在育林

---

① 潘盛之. 侗族传统文化与人工林业生产[Z]//人类学与西南民族[M]. 昆明：云南大学出版社，1998：306-307.

前三年的"林粮间作"有 4 个优点：其一，农作物能为幼杉遮光，使幼杉生长既能有适度阳光照射，又能保证合适的土壤温度，保证幼杉的成活率；其二，有利于增加幼杉林地的覆盖率，避免林区地表的水土流失，防止土地板结；其三，套作的粮食作物分泌出的抗生素，能防止有害于杉树生长的微生物的蔓延，粮食也可以引来各种鸟类觅食，防止虫害；其四，农作物枯萎腐烂后，其原有根系形成众多孔道，这种孔道既有空气又有养分，成了杉树侧根延伸的通道，侧根的迅速蔓延，确保幼杉苗茁壮成长。"林粮间作"期间，杉苗的培育、移栽、管理也有独特的技术：一般是按照稻田育秧的方式集中地构筑秧床，培育杉树苗，借用稻田插秧的方式移栽杉树苗育林。自然状况下，杉树的出苗和定根需要在老林地完成。因为老林地既有巨大的乔木遮阴，地表又有深厚的落叶层，相对湿度高且稳定，温度起伏甚小，杉树萌发后容易自然存活。侗族的杉树育秧则是模仿天然的林区去构筑杉床。杉床地往往设在水源良好的林间平地。杉床土地需深耕细耙，务必使表层疏松，然后铺上从林间搜集得来的厚 10～16 厘米的细碎枯枝败叶，精选后的杉树种直接像撒谷种一样撒播在细碎的枯枝败叶上。最后搭上一个约 30 厘米的凉棚，凉棚上覆以新鲜的杉树叶，既能遮挡阳光的直晒，又能确保秧床的高湿度环境。此后，每隔一定时间均需往凉棚上洒水，以维持杉秧床的高湿度环境。而枯枝败叶在腐败的过程中所释放的生物能则均衡稳定地提高了秧床的温度，起到了催芽的作用。对杉秧床的维护起码要持续一年以上，直到树秧长出了老叶，才逐步撤掉凉棚上的部分杉叶，以增加日照，加速杉树苗木的生长。杉树苗木的移植也与水稻插秧的操作相近。杉木的定植地都需要经过反复的耕种，并产出过一季旱地作物。在这种情况下，杂草已经得到了有效控制，土地疏松，肥料充足。杉树苗定植按照严格的行宽距移栽，同时还要栽种非蔓生性的旱地粮食作物，以保证在炎热季节形成一个类似于林地高湿荫凉的环境，以确保杉树苗木迅速定根以及帮助杉树苗木度过危险的存活期[①]。

---

① 罗康隆. 侗族传统人工营林业的社会组织运行分析[J]. 贵州民族研究，2001，21（2）：14-19.

林粮间作生产模式是侗族人在杉木育林过程中的一个过渡环节，大的社会背景就是汉族地区对木材的巨大需求。其得以持续，一方面是因为这种模式适应当地的生产与环境条件；另一方面是由于侗族社会独特的林地产权制度保证。还有一个不可忽视的因素就是畅通的水运。

坪坦河相比于侗族其他社区的河流，其流量要小一些，但在现在的坪坦村以下河段可以常年通航。"从广西运盐、糖至坪坦，从此运药材而去"是当时坪坦河的真实写照。坪坦村以上，则可以在河流的汛期进行流木运输。中步、高团、阳烂等地的木材均可在汛期运至坪坦。可以看出，坪坦河流域在 1949 年以前一直有林粮间作生产模式存在。

中华人民共和国成立后，由于中国对农村的管理先后经过土改、合作社、集体化与承包经营，其间这种模式已不多见。时至今日，由于流域内植被破坏，农田增多，河流流量减少，模式所依赖的制度不复存在，更重要的是社会经济文化的改变，使得这种独有的生产模式已经很少见了。然而，在这种模式的启发下，一种新的林下经济模式在坪坦河流域开始出现。

三、生态价值与智慧

随着商品农业的发展，土地生产所提供的产品日益单一化，许多传统农业技术逐渐丧失，传统文化所依赖的物质外壳丧失。这些基于本土知识而创造的农业技术和文化大多遵循自然规律、适应环境，故在全球化的今天，这些农业文化遗产对人类的可持续发展具有重要的参考价值。

（一）维持生物多样性

生物多样性（Biological diversity）是指一定时间和一定区域内所有生物（动植物、微生物）物种及其遗传变异和生态系统的复杂性，包括遗传多样性、物种多样性、生态系统多样性。生物多样性是地球上的生命与环境相互作用并经过数十亿年的演变进化而形成的，它与其物理环境相结合共同构成生命支持系统和人类社会经济发展的物质基础，同时对保护生态安全、美化环境和稳定人类生活环境具有十分重要的作用。

"稻田鱼鸭共生系统"是适应侗族居住的自然环境，以种植糯稻为基础而逐渐发展起来的。侗寨山岭纵横，森林茂密，大部分稻田分布于海拔 400～900 米的林间谷地，其特点是雾多、湿度大、日照少，鸟兽多，稻田多深、烂、冷浸类型，这样的生态环境条件形成了与之相适应的"稻田鱼鸭生态模式"以及在储水 35 厘米左右的高储水田中种植糯稻的模式。为适应因环境梯度而引起的稻田种类的多样性，侗族人在长期的生产实践中，培育了不同的糯稻品种。据统计，在阳烂和黄岗侗族社区，原有 30 多个糯稻品种，而今尚存 10 多个品种，如永帕、永帕吧、多贝、永妙、永猛、永得冷、永帕多、曜里、卞了（以上全为侗音译）等。这些糯稻品种的共性特征有三：一是高秆，出土杆高超过 150 厘米，最高的可以高过 200 厘米。二是耐水淹，50 厘米深的水淹，不至于阻碍稻根的呼吸；15 厘米的水淹，稻种也能顺利出芽生长。三是耐阴冷，扬花季节遇到了阴湿浓雾季节，也能扬花结实。[①]这些品种多样性无疑提供遗传基因的多样性。

稻田生态系统的垂直结构，主要分为水上层、表水层、中水层和底水层。水上层的挺水植物（糯稻、慈姑）为生活在其间的鱼等提供遮阴、栖息的场所，鸭主要在这一层活动。表水层分布着较多的浮游生物、浮叶植物（眼子菜、浮萍）、漂浮植物（槐叶萍、满江红），它们靠挺水植物间的太阳辐射以及水体的营养进行生长繁殖。鱼主要生活在中水层，以稻株中落下的昆虫为食。底水层聚集着底栖动物（河蚌、螺）、细菌以及挺水植物的根茎和沉水植物（黑藻），一些螺、河蚌为鸭提供食物。正因为具有如此多的物种，该系统才能保持平衡。系统一旦不复存在，许多物种将会消失，从而会改变这里的环境，而环境的潜在价值目前人类还没有完全弄清楚。

该系统物种多样性的另一个表现就是由于侗族居住区自然条件为山岭纵横，森林茂密，环境因子的垂直梯度差异需要不同的稻田生态

---

① 罗康隆. 侗族传统生计方式与生态安全的文化阐释[J]. 思想战线，2009（2）：35-39.

系统来适应，因而出现多样化稻田生态系统。

（二）保持生态系统平衡

侗族人发展稻田鱼鸭共生水田综合利用模式，一个重要的目的就是减少对该系统投入的时间，以便有更多的精力经营人工林。之所以能够实现这一目的，一个很重要的原因在于稻田鱼鸭共生系统能够较稳定地提供多样化食物资源，满足人们的基本需求。而较稳定的原因在于该系统是一个稳定的生态系统。在该系统中，物质与能量的流动处于一个平衡与开放的状态，人们从中获取物质往往是分批取出，如只捕大鱼、只割稻穗，这些方法对生态系统平衡起到重要的作用，同样对土壤肥力的维持也起到重要的作用。食物资源的稳定供给意味着人与环境保持着一个和谐的关系，从而为自然资源的可持续利用提供了有力保障。这不仅为同期的侗族人提供稳定的食物资源，也为后代侗人对土地资源的利用提供更多自由权与选择权。同时这种系统的涵养水源、蓄水防洪功能对下游地区也有重要的作用。

林粮间作生产技术在实施过程中基本上维持着原有的地形地貌，在烧林过程中许多非杉木会保留下来（比例约占整个林地乔木株数的15%）。不同时段种植不同的农作物，采用间伐形式，运用这些技术无疑是想要杉苗快速成林与对林业资源可持续利用。正是这些技术的使用使得这里的生态系统处于一个动态的平衡状态。这些技术对于防止水土流失、涵养水源、保护物种多样化、提高土壤肥力、防止病虫害都起到很好的效果，无形中也保护了环境，维持了生态系统平衡。这种生态系统的平衡不但为侗族社区营造了一个安全的生态环境，同时也为广大的河流中下游地区提供了较为稳定的径流量和清洁水源。这种生态系统所提供的服务与功能对于环境日益恶化的地区来说显得非常重要。

（三）组建和谐文化景观

稻田文化景观、林粮间作文化景观、村寨建筑景观构成传统侗族社区三大主要文化景观。三大景观对于维系侗族侗民共同心理素质、产生地方认同、形成地方感具有不可估量的作用。人们习惯于在这样的环境下生活，产生了与景观和谐的理念。然而，景观一经破坏，人们产生巨大的落差心理，对整个社区将会产生冲击，地方感消失，人们将无所适从，找不到归宿，从而迷茫失望。林粮间作模式对侗族社会发展起到了十分重要的作用。从自然资源适应的角度来说，该模式是侗族群体在对其他文化群体——汉族的适应过程中发展起来的。这种模式（主要是模式对于林业发展的意义）给侗族人提供了基本的生存生活资料，使侗族群体在现在的居住区的延续得到保障，同时也使侗族传统文化的发展与传承得以实现。

"林粮间作"在许多山林地区都存在，主要是人多地少，要解决粮食的基本需求问题。侗族社区的林粮间作与其他地区尤其是汉族地区的林粮间作有明显不同。这种独特性是侗族群体多年来经过认知与积累，创造出来的适应当时自然资源条件的一种方式。这种独特性主要体现在杉苗移植技术、农作物种植技术、林间管理技术、病虫害防治技术等方面。这种独特的文化价值的直接作用就是使侗族人与环境保持和谐的人地关系。

（四）建构地方性知识

地方性知识源于地方人对自身所处的自然、人文、社会环境的认识，是地方人长期总结出的处理人与自然、人与人、人与社会之间关系的一些规则和策略。也可以说，地方性知识是地方人的一种实践智慧，它有效地解决了地方人所面临的自然环境和人文环境中存在的问题，对地方人的生存和发展有着不可替代的价值。[①]地方性知识对地方传统社区在长期历史过程中起到了维持、发展的作用。作为一种土地资源利用的方式，林粮间作是侗族人长期基于对本土的认知而产生的知识，因此对其的研究应该以当地人的视角、心理，抛弃已有的价值观念、文化标准来观察、理解这种知识。这种研究可能会对理解林粮间作的形成、运行机制以及意义产生一种全新的解释，从而为林业与

---

① 王鉴，安富海. 地方性知识视野中的民族教育问题——甘南藏区地方性知识的社会学研究[J]. 甘肃社会科学，2012（6）：247-250.

当地经济发展提供依据。任何一种文化都是在一定的文化场中出现的。侗族林粮间作生产模式实际上是多种文化耦合而形成的，同时它的成功运用也产生了许多与之相关的文化现象，主要包括林粮间作本身、地方性制度保障、外部需求、林地产权、木材商、码头、放排等。它使几近封闭的侗族社区与外界发生交流，给侗族社区注入新的活力，促使侗族社区向一个多样化文化群体转变。

第七章 传统聚落的社区治理智慧

国家治理体系和治理能力的现代化，关键在于乡村治理的现代化，而乡村治理的基石在社区。社区规序的建立和执行，不仅可以在一定限度内提高单位时间和单位面积内的资源产出，还能够兼顾到对生态环境的维护[①]。因此，对传统聚落社区治理智慧中管理机制和运行轨迹的梳理有利于挖掘乡村振兴的内在活力。

一、侗族的社区规序

侗族对特定生计资源的规序化配置，如通过社区的"裁岩立法"对"资源边界"的划定取得各方的认可，或通过"款"组织将村寨与村寨之间、区域与区域之间组成一种联盟，以"款约"形式解决村寨内部的纠纷和处理内外冲突，形成了侗族传统的社区管理模式，这是侗族社区社会运作的文化策略。其实质在于运用文化的方式，使社区生态资源在制衡格局中得到有序的配置，集中体现了侗族的治理智慧。

（一）"裁岩"与山规

"裁岩"也称为"埋岩"或"竖岩"，它是侗族社区范围内确认山林边界的一种认同仪式，也是习惯法确认的资源边界标识。"裁岩"现象在明清时期曾广泛存在于黔湘桂交界的侗族、苗族、壮族、瑶族、水族社会中。从功能上分类，需要"裁岩"的情形大概有划界类裁岩、

---

① 罗康隆，彭书佳. "裁岩"的神圣性与社区"资源边界"的稳定——来自黄岗侗族村落的田野调查[J]. 中央民族大学学报（哲学社会科学版），2012，39（3）：12-17.

裁判类裁岩、改革类裁岩、防御类裁岩四类①，但主要是用于山林划界类裁岩。20世纪80年代末期，有人在广西的融水苗族自治县安太乡的侗寨中发现了一本清朝同治末年汉字记侗音的古本《裁岩规例》，这本书详细记录了贵州从江和广西融水一带侗族、苗族、瑶族、壮族在明清时期进行"裁岩"活动的基本情况，是一本非常珍贵的历史文献，引起民族学界的极大关注。这是到目前为止收集到的唯一的侗族"裁岩"款词②。

侗族聚居地区多为山地，这里一般山峦起伏，沟壑纵横，山连山，土接土，外人看不出任何的界限，也不见任何明显的地理分界标志，但在侗民心目中，山与山、土与土之间的分界清楚、明晰，而且准确。在他们的心目中，山、土之间布满了密密麻麻的分界线，既有与外村落的分界线，也有本村落家族之间的分界线，还有家族内各家户之间的分界线。即使是"公山"，也是具体落实到特定家族，或者某些家户。也就是说，在侗族社区，根本不存在权属不明的"公共地"。因此，不论是村落与村落之间、家族与家族之间，还是家户与家户之间的地界都是通过"裁岩"加以确认并得以稳定延续的。要使"裁岩"定界有效，前提是必须得到当事各方的公认，这就需要举行庄严的公认仪式。实现其公认性的手段是神圣而庄严的仪式过程，即在举行隆重的合款仪式时，埋下一块石头代表大家订立的各条"款规"生效③。这一标志一般是一块长条形的石块，尺寸并无具体规定，可以大小不一。它是在参加合款的各村寨、家族、家户代表同意后竖立的见证物。

"裁岩"是侗区神圣的社区规序行为，虽然各地形式、规制上有差异，但其本质是一致的。据罗康隆等对黄岗侗族村落的田野调查，黄岗侗族"裁岩"时，不仅要请与之相关的寨老参加，还要请侗族社区里能够通神的"祭司"邀请历届先祖前来参与仪式。活动中最为重要

① 徐晓光."裁岩"的社会功能及其民族法文化特征[J]. 贵州警官职业学院学报，2014（6）：47-56.

② 龙耀宏."裁岩"及《裁岩规例》研究[J]. 贵州民族学院学报（哲学社会科学版），2012（3）：1-6.

③ 罗康隆，彭书佳."裁岩"的神圣性与社区"资源边界"的稳定——来自黄岗侗族村落的田野调查[J]. 中央民族大学学报（哲学社会科学版），2012，39（3）：12-17.

的环节是，经过寨老们（或者款首们）商议所达成的"款约"，要由社区"祭司"禀告祖先（灵魂）后再执行，宰杀公鸡，将鸡血浇淋在准备埋下的石头上。最后将淋有鸡血的石头，埋到当事各方公认的山林、田土等的分界线上①。如遇到"做大岩"事务，事毕后还需要宰牛分食，要在栽岩地点杀一头水牯牛，用牛血淋岩、冲酒。到会的人都喝血酒，表示盟誓。把牛头埋在竖岩的地下。当场把牛肉和牛皮按参与的户数进行分割，每一户都要得到一点肉和一点皮，表示本次栽岩的决议家喻户晓。

侗寨的"栽岩"有习惯法的效力，在每个村寨，只要有"栽岩"，所有村民都为"岩众"，都受"栽岩"的约束。"栽岩"所表现出来的社区规序，阐明侗族的文化建构正在于使社区生计资源在文化的制衡下得到有序配置，达成侗族文化与环境的耦合，建构和谐的人地关系。

（二）"永禁谲心"与水约

随着"改土归流"的完成，地处湘黔桂接合部的坪坦河曾经成为连接"生苗"与外部世界的商贸通道，地连塘（就是今天的坪坦村）成为重要的商业贸易中心。从坪坦河向西进入贵州，向南、向东可进入广西，古代均属于长期没有"编籍入户"的"化外之地"。大约在明朝中叶，因为"苗区"的重要资源——木材被发现，中央王朝开始了对包括今坪坦河流域在内的广大"苗区"的深度开发。从明嘉靖年间的"皇木采办"到沿清水江、沅江及各大小支流商业码头的形成，这一时期正处于古之所谓"苗区"由"化外之地成为化内之区的转变中，也由一个较为封闭的边缘区域而逐步进入一个覆盖范围广阔的市场网络的历史过程中。"②坪坦河通过渠水注入沅水，即为古代连接化外之地的商业贸易水道。

从 2014 年 7 月 30 日在坪坦村发现的碑刻《永禁谲心》记载看，

---

① 罗康隆，彭书佳."栽岩"的神圣性与社区"资源边界"的稳定——来自黄岗侗族村落的田野调查[J]. 中央民族大学学报（哲学社会科学版），2012，39（3）：12-17.

② 张应强. 木材之流动——清代清水江下游地区的市场、权力与社会[M]. 北京：北京：生活·读书·新知三联书店，2006：41.

至少在嘉庆七年（1803）坪坦河沿岸的商业贸易还非常繁华。"……五塘梓檀远近山商之云集，下迎三楚湖北□□"，由于"山商云集"必然导致坪坦河流域木材贸易市场的管理紊乱，滋长各种扰乱市场秩序、破坏商业规矩的奸诈行为，故而地处重要码头地位的地连塘（今坪坦村），联合坪坦河沿岸其他四塘——高步塘（高步村）、横岭塘（横岭村）、梓檀塘（中步村）、黄土塘（黄土村）合议，制订了坪坦河上的"江规"——《永禁谲心》，共"六议"禁令，目的是"申明河规禁条，永为世守，勿违之。……共成雍睦之风"。（图7-1）

图7-1　水上运输规则的制定（《永禁谲心》）
图片来源：课题组在坪坦村拍摄

在这条繁忙的水道上，山外的"洋货"经船过洞庭，入沅水运到坪坦村、横岭村等（夏秋丰水季节船只可以勉强上至高步村），然后由人力肩挑手提运往桂北。外面来的"山客"①贩买的木材经坪坦河"放排"而下，入渠水，进沅江，汇集到黔阳、洪江后集中扎为大型"木

---

① 注：所谓"山客"指来自黔阳、常德、湖北等地木材商。

排"，最后经洞庭湖入长江，运往全国各地。今天，坪坦村沿"普济桥"老码头一线的古商铺已不复存在，但这条古街道的基本形制还依稀可辨。据当地老年人回忆，坪坦河古代就是南盐北输、北米南运的集散地，南北许多商贾纷纷落脚坪坦经商。当年坪坦村街道上大米贸易极其繁荣，据说每天丢在地上的大米足以养活几家人口。今天在中步村、芋头村、坪坦村、高步村依然可见四通八达的古驿道。驿道青石板留下的足迹记载了当年扛运"盐、米、木材"的挑夫、商人的艰辛。

（三）"款约"与防火

侗寨的军事堡垒只能有效防御外来侵犯，而其内部的最大危险在于"火灾"。因此，出于防火考虑，侗族聚落在长期发展的过程中形成了一套较为完善的防火避灾体制。

首先是防火避灾意识的形成。由于侗寨的建筑以木质为主，防火避灾必然成为侗族村寨最为关注的事项之一。防火避灾需要从娃娃抓起，做到人人知晓并深入人心，要让防火意识在每一个寨民的脑海里扎根，就需要在侗族聚落里营造防火避灾的文化氛围。如侗戏《防火》就是在这一背景下应运而生的。该剧将消防法律法规、家居防火常识、防火习惯法、救灾常识等编排成通俗易懂的侗戏来教导寨民，在培育寨民的防火意识、提升其防火技能方面发挥了重要作用。

其次是消防避灾通道的设置。走进侗族村寨，可以看到纵横交错的青石板道路将寨子分隔成若干单元，再通过宽约 1 米的主干道将各个单元组合成错落有致的一个整体。平时，这些青石板路连通各家各户，促进邻里和谐来往。一旦有火情发生，青石板道路不但起到隔离火情的作用，而且有利于快速疏散人群。

再次是消防避灾用水的蓄积。侗寨内鱼塘众多，依据地势形态分布在屋前，一般蓄水量在 100 立方米以上。这些鱼塘既起到过滤生活废水的作用，成为侗寨地下水蓄排系统的重要组成部分，又起到防火避灾的作用。

最后是巡寨守寨制度的建立。依据传统的"款约法"，侗族人将各种防火防盗的禁令刻在石碑上，作为维护村寨安全的日常行为规范，若有违反则必须严加处罚（图 7-2）。为及时发现问题，杜绝灾情，各寨还实行巡寨守寨制度。如中步侗寨规定，各家派一人参加守寨轮值，每四人一组，共十七组。并且规定"晚上守寨时，要打更走巷，直到天亮后方可离岗。擅离岗位，罚款 10 元"。这些巡寨守寨制度是侗族传统聚落原始自治文化的延续，也是防火避灾体制的重要组成部分。

 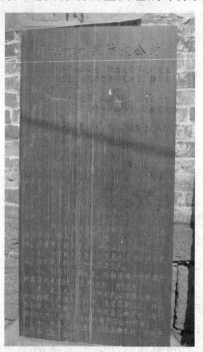

横岭村防火款碑　　　　　　　坪坦村现代款碑"防火公约"

图 7-2　村寨防火"款约"

图片来源：课题组拍摄

明代以前，侗族地区"入版图者存虚名"，内部实行"带有军事联盟性质的款组织管理"。因此，所谓"款"实质上既指原始军事联盟组织，也指侗族传统的自治制度。"款"组织是村寨与村寨之间、区域与区域之间的一种联盟组织，分为小、中、大等不同层次。小款一般由一个大型村寨或数个村寨构成，小款就是一个"熟人社会"或"半熟人社会"。款组织的首领为款首。款首们解决村寨内部的纠纷，处理内外冲突依据的是款约法——款词。在各个村寨，款首通过"讲款"的方式向群众讲授款约法，或者将款约法刻在石碑上，作为村规民约以约束社会行为。如今在坪坦各个寨子都能看到大量明清时期的"禁约"碑（图7-3），这些"禁约"至今仍然作为一种"文化权力"影响着当地人的价值观念和行为方式。

图7-3 坪坦河流域分布的款碑

图片来源：课题组拍摄

在侗族地区普遍流行的《约法款》款词记载："订出六面阴（死刑）、六面阳（活刑），六面上（有理），六面下（无理）。订了二六一十二条款、二九一十八规章。"①这些款约针对日常生活的冲突、偷盗、越轨、对外战争、抵抗侵略等各种各样破坏侗寨社会结构稳定的行为制订了处罚原则。

二、侗族款组织体系

侗族人民为了管理自己，追求自身的发展，沿袭先民盟诅立约的习惯，以地域为纽带，实行盟约立款制，也就是我们现在所说的"款约制"。"款约制"是以血缘为基础、以地域为纽带的一种带有军事联

---

① 湖南省少数民族古籍办公室. 侗款[M]. 长沙：岳麓书社，1988：84-85.

盟性质的社会组织形式。这种款约制，随着中央王朝统治的逐步深入而逐渐解体，直到清末民初，边远的侗族地区，虽名义上为中央统治，设立县、乡、保、甲制，但实质上仍是两种社会管理制度并行。对中央王朝的政令，以保、甲等形式出面管理，而对内部事务，仍然以款规相约束。

（一）款组织基本框架

　　"侗款"有两层基本含义：一是指侗族社会特有的政治制度、社会组织形式。款组织有一系列法律性质的款规、款约，又有约法款，是侗族的习惯法；二是指以款约为核心形成的各种形式的款词。有歌颂英雄人物的款词，有再现侗族社会历史变迁的款词，还有关于祖先崇拜、道德规范、政治、军事、生产生活、文学艺术等各类丰富多彩的款词。侗族的款社会，大约从原始氏族社会后期的部落联盟开始，一直到封建社会末期结束，其间经历了几千年带有浓厚传奇色彩的坎坷历程。这种以地域为纽带的村与村、寨与寨的联盟组织，在整个侗族地区有着巨大的影响。千百年来，侗族社会政治，经济的发展，侗族共同体的民族精神、心理素质、思维方式等方面，都受到款的直接影响。侗族地区之所以能维持千百年来和平、安宁、稳定的和谐社会，就是因为有款约制的存在①。通道县现辖区域分为九个半款组织，其中坪坦河流域侗寨分别归属于三个不同的款区。高步寨、阳烂寨、横岭寨和坪坦寨属于坪坦款区；芋头寨属于双江款区；中步寨属于梓坛款区。款区内部最基本的组成单位是家庭，然后由若干个有近亲血缘关系的家庭组成"斗"，又由若干个"斗"组成一个"甫腊"（房族）。甫腊不一定全由具有统一血缘关系的"斗"组成，也可以由不同姓氏的"斗"组成。多个甫腊可以形成村寨或者村寨群体，这就就具备了形成小款区的条件。

　　各款区联合起来约定一些规章制度，名之曰"合款"。各寨村民既要遵循侗族地区"合款"的约法，还要遵守村寨所属款区制定的个别约法。以"约法款"为核心，村寨世代传承下来的"甫腊"（bux lagx）

---

① 林良斌. 侗款，几千年的道德信念之歌[J]. 民族论坛 2012（1）：48-49.

制度（家族制度）、"斗"（doux）制度（氏族制度）、家庭婚姻制度、礼俗制度、节庆制度、交往制度、亲属制度等相配合，共同构成了具有侗族社会特征的制度文化。

（二）款组织主要活动

侗款在长期的发展过程中，经过长时间的经验积累，不断丰富了它的活动内容，并坚持不懈地运用原始的方式方法和严格的运行程序，对款众进行影响和管理，最终形成了一个完备的组织管理体系，并定时或不定时地开展活动。款组织规定了定期开展"讲款""开款""聚款"和"起款"活动，这四项活动在侗族社会的传统活动中是占有头等位置的大事。

1. 讲款

讲款既有固定的时间，也有灵活掌握的时间。所谓固定的，就是每年在特定时间段举行。如春耕大忙前，都在农历三月初举行，俗称"三月约青"。一是告诉大家春季生产大忙里要保护好返青的庄稼、山林；二是要加强防护，各路口寨门要加派人防守，以保护生产顺利进行。农忙过后，秋收季节必定讲款，在农历九月初举行，俗称"九月约黄"。一是告诉大家，辛苦的劳动果实已经成熟，要爱护自己和人家的劳动果实，鸡鸭牲口要管好。不准偷盗，不能损人利己。二是告诉大家要防匪防外患，团结起来，保护秋收。要求大家遵守款约和先辈立下的规矩。秋收后还要举行各种村寨之间的联欢庆丰收，以及祭祀"萨"（祖母神）的活动等。这种讲款活动，实际上是对大家制定的款规、款约的一次宣传、教育和重温。同时，款组织也在讲款中得到巩固和加强，款民的款意识更强烈。讲款活动都在村寨的鼓楼中进行。全寨人都参加，由有威望的、能熟记款词的寨老、款首或款师背诵约法款款词，一条条地讲。款首每讲一条，款民即相呼应，表示赞同和决心。侗族在举行各种庆祝活动、集体聚会时，往往也先讲款，然后才开展其他活动。

2. 开款

款民中如有违犯款约的行为，要召集全款区的民众，当众讲明违反款约人的行为和造成的损害，依靠民众集体裁判，集体办案，有如现在的公审、公判活动。即使是寨老、款首也不会擅自做主，仍然要和群众协商，这也带有原始部落的民主议事性质。而且最后的处罚办法要款民一致同意才执行。如果有不同意见，或有人提出异议，就反复协商，协商不成就用"神明"裁判的方法。用神明裁判前要举行祭祖仪式，邀请各位祖宗神仙来做公正裁判。神明裁判常使用"捞油锅""砍鸡""煮饭"等方法。

图 7-4 侗族"讲款"

图片来源：课题组拍摄

3. 聚款

聚款往往是几个小款或中款的款首，带领款民聚集一堂，共议定款规款约大事，有如现在的立法活动。在开款立约中有这样的款词：款首邀集寨老，款脚传报众人，大家相聚一坪，倒牛合款，饮血盟誓，聚众制订规章。聚款是十分隆重、严肃的大会。首先要举行隆重的祭祀活动，并杀牛饮血盟誓，所以又叫"倒牛合款"。还有一种表决心的形式叫"吃枪头肉"。"吃枪头肉"是双关语，一是款首执长矛穿生肉一片，盟誓人把矛尖的生肉咬下生吃，又叫矛穿生肉，有表示决心遵守款规的意义；二是象征意义，今日吃枪头肉是抱定决心，来日如违反了款约，定被矛枪戳死而不悔。

侗族社会的正常运转，都靠款规款约办事。侗族历史上曾有"九十九公合款立约"，这是整个侗族地区最高权威的约法。如清雍正年间（1723—1735），侗族为了破除姑舅表婚的习俗，就开展了一次大规模的聚款活动。传说侗族先祖姜良、姜妹原为兄妹，为了繁衍人类，他们不得不结为夫妻，但因为是近亲结婚，生下了一个肉团怪胎，在"萨"的帮助下才把怪胎变为了人类。后来，因有了这个教训，侗族便立下了同姓不婚、异族不婚的不成文规矩。但是，随着时间的推移和人口的增长，新的问题又出来了：姑表婚开始盛行并演变成一种规矩，又陷入了另一种近亲结婚的怪圈。而且，侗族人多以姓聚居，一个寨甚至一个村皆为同姓，因而男婚女嫁都是远去找寻，很多男女在本地找不到对象。男人找女友要去很远很远的地方，女人要找郎婿同样要到很遥远的地方。婚后，"白天走不到男人寨，夜里回不到娘屋门"，"男怕路长路远，女怕翻山爬坡。隔九重，来来去去也担心"。由于山高路远，远路结亲，时常有不幸的事情发生。于是，贵州榕江人吴广海和引郎提出了"以后别再远路嫁姑表，现在要改近路亲。大家破破旧俗规，破姓结亲"。他们走遍了侗族南部地区的 80 多个乡村，联络了 100 多位"九岭十洞"的乡老头人，号称"九十九公"，一起聚到月寨（今贵州榕江县境内）钯楼家，取得了统一意见，做出了立款的决定，通过了《九十九合款》，正式确立了破姓开亲的规矩。"松度破姓招夫，松必同姓娶妻"，"隔一栋屋，结一堂亲；隔条沟，做亲戚，隔后门，成一对"，"这次立款公约，主要是婚姻破姓破俗规"。从此，侗族地区的"论姓氏结亲"改为"破姓结亲"。这对侗族传统的婚姻习俗及传统的文化观念来说，都是一次重大的改革。

4. 起款

起款是一种实现联防自卫的军事行动，一旦本寨或邻近村寨有插鸡毛的信报来，款首就立即召集民众，全副武装出征打击来犯者。这说明款组织的活动不仅有具有法律性质的内容，还有军事性质的内容。

侗族的历史是饱受民族压迫、官兵匪患侵扰的历史。为了民族的生存，必须要联合起来，才能形成一定的防范力量。侗款组织虽然以村寨为基础，但其实质在于合款制，在于小款、中款及各大款区的联合，这样能把整个侗族社会组织起来，这也是款组织的一项重要的职责。各款区都设有关卡，有专守关卡和传递信息的人。若邻村受到外来侵犯，就擂鼓，吹牛角，点燃烽火报警，邻近村寨就会立即集合民众。稍远一点的村寨还派人送粘有几根鸡毛的木牌，并加上火炭，表示十万火急，迅速传递，速来支援。于是各款首立刻聚集民众，带领大家背诵"出征款"，表示众志成城、万众一心、打击来犯者、誓死保卫村寨的决心。

凡是接到鸡毛牌的都迅速赶来支援，人多势众，直到把入侵者打败，才收兵回寨。款约还规定了对英勇善战者奖励、对临阵逃脱者惩罚的规约。接到信息而不来支援的村寨，立即被开除出款区，从今以后各个村寨都冷落他们，孤立他们。他们有难，别的村寨也不相帮。这一系列制度，树立了为民族和集体安全而英勇献身的精神，对怯弱者予以惩处、卑视的价值评价。

从以上讲款、开款、聚款、起款的款组织活动内容可以看出侗族的款约和款制度是带有政治军事性质的制度文化，同时又有浓厚的原始社会的遗痕[①]。

（三）款约的主要内容

坪坦河流域的侗款款词和其他侗族地区一样，款词都分成若干条，每条款词短则数十句，长则达数百句，多用暗喻的表现技巧和排比的句式组成。句子长短不一，以短句为主，虽也有十多个音节的长句，但节奏感强，朗朗上口。款词多对偶句，有韵，但不严格，以上下句押尾韵为多，抑扬顿挫，起承转合，铿锵有声（图7-5）。

款词归纳起来有如下10个类别：

款坪款。款坪款是记述各个款组织的区划地域和村寨范围的款词，很像侗乡的"地理志"与"款区略图"，如《十二款坪十三款场款》《款坪款》等。它次序井然地记述了通道境内或与通道交界侗族地区的款坪、款场和款组织的地域区位范围。

约法款。约法款是款组织制订的规章约法的款词，也就是维护各

---

① 林良斌. 侗款，几千年的道德信念之歌[J]. 民族论坛 2012（1）: 48-49.

款区社会秩序的共同规约。

出征款。出征款是款组织集结款众抵御外来强暴，出征战斗前宣誓用的款词，内容主要是鼓舞士气，号召大家团结互助、保护村寨、英勇抗敌。

图 7-5　侗族款首"讲款"
图片来源：课题组拍摄

英雄款。英雄款是歌颂缅怀民族历代英雄人物的款词。款词主要有《萨岁款》（已失传）、《吴勉王款》等。

族源款。族源款是讲述侗族历史和迁徙经过的款词。其中包括侗族人的起源，如《姜良姜妹》《宗支款》《祖宗落寨》等。

创世款。创世款是叙述世间万事万物来源的款词。如《天地、山河的来历》《牛的来由》《猪的来由》《鱼的来由》和《芦笙的来由》等。

习俗款。习俗款是介绍侗族各种风俗习惯来历的款词。如《破姓开亲》《行年根由》等。

祝赞款。祝赞款是侗族人民交往活动中用来互相祝福、赞颂的款词，这类款词较多，如《赞老人》《赞青年》《赞妇人》《赞姑娘》《赞村寨风水》等。

请神款。请神款是进行合款活动时要讲诵的第一条款词，主要是叙述款的来历，邀请诸神都来参加合款活动，并作佐证以增加款的神威。所请的神，各地不同，神的排列次序也不一样，但无论哪个村寨的请神款，最先被邀请的都是侗族最大的祖母神萨岁（sax sis），还有就是姜良姜妹（jangl liangc jangl muih）和天神、土地神，以及飞山神、祖先神等。

祭祀款。祭祀款词包括 2 个方面：一是悼念款，是族人逝世时举行丧葬仪式念诵的款词。其内容主要是表示对死者的悼念及对亲属的安慰，祝愿死者在另一世界——"天堂"得到幸福。二是送神款，是讲款活动结束时所说的最后一条款词，内容是宣布讲款活动已告结束，请各位神灵各自回到自己的神位上去，并请求其永远护佑村寨里的人们，使村寨安宁、人身健康、五谷丰登、六畜兴旺。同时忠告各寨款众要牢记祖先传下来的规章约法、道德风尚，以求繁荣昌盛。

以上 10 个类别，以约法款影响最大、最广，也最具约束力。在侗族地区流传下来的《约法款》中，以"六面阴""六面阳""六面威"三大部分为主要内容，共计 18 条 756 句（详见《中国歌谣集成·侗族部分》）。"六面阴"即"六面阴规"，也称"六面厚规"或"六面重规"，包括六个方面的内容，属重罪处罚条款，对犯者一般处以重刑（死刑）；"六面阳"即"六面阳规"，也称"六面薄规"或"六面轻规"，也包括 6 个方面的内容，属轻罪处罚条款，对犯者一般以罚款或其他较轻的处罚，不处死刑，故称"阳规"（图 7-6）。"六面威"即"六面威规"，属一般的礼仪或道德要求，也包括 6 个方面的内容，多为告诫、规劝、提倡、警告之词，通过施"威"而使众人遵照风俗，和睦相处，避免纷争，依约行事，依礼做人，同心合力治理村寨。

《约法款》包括对以下行为的规范和对犯者的处罚规定：破坏龙脉、挖坟掘墓、挖墙拱壁、偷盗钱粮、拦路抢劫、杀人放火、图财害命、捆绑他人、扰乱人伦、破坏风俗、偷鱼偷粮、偷鸡偷鸭、毁坏森林、放火烧寨、偷柴偷笋、偷菜偷瓜、蛮横无理、抢夺人妻、勾生吃熟（指勾引外人到本寨偷摸拐骗，坑害乡亲）、吃里爬外、敲诈勒索、以强欺弱等，其内容包括 12 个方面，均为侗语。

（四）犯款的惩罚处置

坪坦河流域侗款的处治规矩和其他侗族地区基本一致，主要是家治或族治。如果谁家有人违反了款规款约，先由家庭内部处理。若家庭内部不予处理，房族就要出面干预。为了维护家庭或房族的声誉，其内部一旦出现违反款规款约的情况，一般都能主动及时处理。这也是侗族村寨内部能长期保持安宁和谐的一个重要原因。

图 7-6　侗族"约法款"中的六面阳规
图片来源：课题组拍摄

三、侗款的社区治理智慧

侗族地区的这种以地域为纽带的村与村、寨与寨的联盟组织，在整个侗族地区影响巨大，它对侗族社会的政治、经济的发展，对侗族共同体的民族精神、心理素质、思维方式等方面都起着重要作用。它是实现侗族地区生产、生活管理和履行社会组织职能的政治、军事、经济上的一种保证，是侗族地区人民团结和谐、安居乐业的保障。

（一）广泛的群众基础

款约制没有行政办事机构，只有头人款首，有事由款首招集头人议事。款组织是民间性的，是平等的、没有上下级领导关系的，它主要是通过款约的贯彻执行来实施的。就是说，侗族社会通过村寨与村寨之间联合订立的款约而把整个侗族地区组织在一起，用款约来教育和执行，管理好各自的村寨。一是它的立法、司法都一定要通过村寨群众来商定、盟誓、施行，可以说是群众公约。例如：严禁放火烧山、封山育林的禁山款约，是由小款区每户一人参加的款众大会议定对犯者的处罚条例。谁人纵火烧了禁山，则由款组织令纵火者拿出一头猪来杀，然后将猪肉煮熟，作为款肉散发给款众各家各户，以期起到家喻户晓、人人为戒、惩前毖后的教育作用。二是款首头人由款众民主选举德高望重、办事公正、有经验、有才能的人担任。三是对那些邪恶刁诈、为非作歹的不法分子，触犯了款规约法，由款众民主审议处理。四是款首头人不脱离生产，误工报酬由款众民主评定付给，并接受款众的监督，不允许滥用权力谋取私利。

（二）朴素的议事方式

侗族社会的款组织既不同于国家，也不像部落联盟，而是一种民间性的自治联防组织。因为合款虽然是侗族地区的唯一组织，但它却没有专门的办事机构，没有专职的办事人员，更没有军队、警察、监狱等。它的办事人员是一些不脱产的款首。在侗寨，几乎每个寨子都有那么两三个长者，是众望很高的"宁头"（侗语意为众人的领头人，汉人称他们为"寨老"）。他们按照祖传的款规款约，调解民众纠纷，处理村寨内外大事，他们就是这些村寨的自然领袖。这些宁头，联系面广，知识丰富，活动能力强，办事公道，权威性高。他们都是款众从各个村寨的自然领袖中直接选举产生的。款众可以随时罢免不称职的款首。在一个基层立款单位，款民所选的款首，不是一个，而是若干个，是一个款首群。在款首群中又有自己的自然领袖，从而形成一个具有核心的领导集体。他们在有公事时理事，无事时同款众一样参加生产劳动。他们办事时，一般不取报酬，如误工太多，由理事的受益户送少量礼品，或从村寨的公共积累中给予适当的误工补贴，这就是他们从事公务活动的报酬。

（三）公平的监督约束

侗族社会通过村寨与村寨之间联合订立的款约而把整个侗族地区

组织在一起，通过款约的教育和对款约的执行管理好各自的村寨。凡盟誓而立的款规款约，均有法律效用。款区内的所有人员，都必须自觉地遵守，否则将由款首或款众强制其执行侗族款约——约法款。所以必须人人遵守，依约办事，做到"重罪重惩，轻罪轻罚，秉公正直讲理，不准徇私枉法"。涉及整个侗族地区的约法款，须经最高联席会议即联合大款盟约立款才有效。侗族的约法款规定，侗族社会的运转，都得按照最高款规款约办事。这里所讲的最高款规款约，指的是九十九公款约和先祖所制定的款规款约。款词形象地称这为"种田符合九十九公才熟谷、处事符合九十九公才成理"。

因此，侗族款约具有很强的约束性，是侗族地区的一种习惯法。它的法律效用，主要体现在它的权威性和实践性上。权威性依赖于实践性，实践性借助于权威性，两者互相依存而又互为因果。侗族款约的权威性主要来源于以下几个方面：第一，它是代表参加盟款得所有村寨的绝大多数人的意志（各级款首也不例外），并且通过民主协商的方式制定出来的。第二，它是款组织自治与自卫原则的具体体现，并且在实施过程中实行族治与村治并重的原则。第三，它通过强制性的制服手段来保证所有条款的实施。这些手段尽管有些是极为残酷野蛮的，但大多数款众认为非此不足以平民愤、安村寨，是合理的。第四，在实施过程中，除实行人判之外，还借助神的威力来裁决，人威与神威并用。

（四）强大的凝聚系统

由于款组织是侗族社会内部的特殊产物，对侗族地区的民间自治和自卫起着重要的作用，是侗族人民向往安居乐业、过和平幸福生活的希望与寄托。侗族的社会成员自觉地成为其款众，潜移默化地接受这种传统文化的熏陶，代代如此，世代相传。所以，它不仅是连接侗乡山寨的纽带，也自然而然地成为侗民族的民族感情的凝聚系统。

"款"之所以成为侗族精神文化核心，还源于它是侗族特有的一种民间组织形式。整个侗族社会被分成大、中、小许多款区，彼此之间在经济、军事上紧密联系，但并无政治上垂直的隶属统治关系。款首也与大众一样平等而无特权。因此，款有讲款、聚款、起款等带着原始民主色彩的各式组织活动。侗族社会凭借款这种特殊的政治与精神文化，保持了高度的内部统一和凝聚力，并以一种民族集体自我审视、约束的方式，保证民族的纯正性。集政治力量与精神力量于一体的款，最终促成了侗族生命与自然、生命与生命之间"和而为美"的文化体系的持续性。因而有学者将侗族称为"没有国王的王国""桃花源一样的和谐社会"。

第八章　传统聚落生态智慧的当代价值

村落是传统的人类聚居空间，是中国几千年来农耕文化的浓缩和地域文化的物质载体。作为文化遗产，传统村落是人类不可再生的宝贵资源，也是世界遗产保护体系的重要组成部分。1986 年，国务院提出"对文物古迹比较集中，或能较完整地体现出某一历史时期传统风貌和民族地方特色的街区、建筑群、小镇、村落等予以保护"，拉开了我国传统村落保护的序幕。此后，国家建设部门和文物部门联合开展了一系列历史文化名城、名镇、名村的评选工作和保护措施[①]。传统村落的生态理念和实践经验对当前乡村振兴和美丽乡村建设面临的诸多问题极具启示意义。传统村落的自我修复能力极为顽强，几乎不需要额外的投资和扶持就能趋吉避凶，完成自我修复[②]。我们应从传统生态智慧的视角，理性思考和破解乡村振兴过程中的人、村落、生产、生活、生态的问题[③]。

一、传统聚落的生态智慧属性

经过漫长岁月的适应与重构，侗族的传统文化已经定型为温湿山地丛林区的林粮兼营定居农耕类型文化。近 5 个世纪以来，侗族人民对自然环境产生了深刻的认识和了解，并形成了自己独特的生态智慧与传统文化。这种人与自然的和谐共处的文化样式催生出一个个侗寨

---

① 方磊，王文明. 传统村落系统的复杂性认识及保护新视角[J]. 系统科学学报，2014，22（3）：63-66.

② 罗康智. 中国传统村落的基本属性及当代价值研究[J]. 原生态民族文化学刊，2017，9（3）：76-81.

③ 王绍增，象伟宁，刘之欣. 从生态智慧的视角探寻城市雨洪安全与利用的答案[J]. 生态学报，2016，36（16）：4921-4925.

这样和谐秀美的人类景观，更具有不可替代的生态价值。

（一）对生态环境的适应

1. 聚落选址的适应

侗族村寨的选址一般依山傍水，根据山、水、寨的配置关系，一般将侗寨分为山脊型、山麓沿河型和平坝型三种类型。因此，有的侗寨坐落在山谷平地，有的建于山麓缓坡台地，有的位于江滨河畔，还有的悬于陡坡陡坎。民居房屋多沿等高线排列，依山脉趋势和河流走向而建，不强求正南正北的建筑朝向，形态均表现出不规则的自由倾向和多方位的空间特征，平面布局灵活，不拘泥于传统建筑中轴对称的教条，其本质思想是落选址对自然环境的适应，也充分反映了山地建筑的特色。

2. 侗族饮食的适应

作为侗家主食的糯米象征着富裕和安稳，小康人家一日三餐都吃蒸糯米饭。它黏性大，不必用碗筷，先洗干净手，将糯米捏成团，和北方食馍一样。糯米饭好吃，容易携带，耐饿，且不容易馊，是出门干活最适宜的食物。春节吃糍粑，三月三吃甜藤粑，端午节吃粽子与糍粑，四月八和六月六则吃乌米饭。民间祭祀必须用糯米制成的粽子、糍粑或饭团作供品。婴儿足月，主人家要酿糯米甜酒招待前来祝贺的亲友。未婚青年请心上人品尝的"扁米"也是用糯米炒的。新娘送给婆家亲戚的礼物是糯米饭，带回娘家的礼物还是糯米饭。人死后也要在胸前搁一碗糯米饭，意为在去阴间的路上充饥。用糯米酿造的米酒在侗族人中有不可代替的位置。侗族人喝米酒来消除疲劳，又因侗族人好客，加上各种节日的喜庆、集体与个人交往的频繁，侗族人总以酒为礼，以酒为乐，形成"无酒则不成礼"的习惯，所以家家都会自酿米酒。

侗族也是一个高度珍视鱼的民族，所谓"侗不离鱼"。和糯米一样，鱼也深入到侗家人生活的方方面面，逢年过节、婚丧嫁娶、敬神祭祖都离不开它。最著名的应该是侗族的腌鱼和腌肉。制作腌鱼是先将新鲜的活鱼内脏掏出，撒以食盐，将糯米和辣椒粉加水搅拌成糟，把糟放入鱼腹部内，放置于木桶中。桶底先垫糟，然后一层鱼一层糟，上盖芭蕉叶或毛桐叶，边加禾草圈，密封并用圆石重压。在桶上灌一清水覆面，使之与空气隔绝，一年后即可取出食用。鱼腌的时间越长，味道就越好。腌肉主要有腌猪肉、牛肉，做法是先把肉切成薄片，制作程序与腌鱼相似。

打油茶被称为"侗族茶道"，广泛地用于社交、喜庆活动。先将煮好的糯米饭晒干，用油爆成米花，再将一把米放进锅里干炒，然后放入茶叶再炒一下，并加入适量的水，开锅后将茶叶滤出放好。待喝油茶时，将事先准备好的米花、炒花生、猪肝、粉肠等放入碗中，将滤好的茶斟入，就是色香味美的油茶了。侗族还有一种"豆茶"，制法与油茶大致相同，味道清淡，用糯米花、苞谷或黄豆（用灰水泡软）、焦米、新茶共煮而成，主要在喜庆活动时饮用。

（二）对生态系统的维护

以侗族地区广种的糯稻为例，其对生态系统的维护主要体现在：一是糯稻种植保护了森林植被。糯稻可以适应雾多、湿度大、日照少的气候条件，以及深、烂、冷浸等稻田类型，不需要砍伐森林植被。而改种籼稻后，因籼稻种植的生态适应性不如糯稻，要求种植在光热水源条件较好的向阳地带，为适应籼稻生长环境，侗族人被迫砍伐稻田周边的树林。同时，因传统糯米饭本身油质、糖粉比黏米丰富，村民一天三餐吃糯米饭时，用不着炒菜下饭，只把糯米饭捏成团，蘸酸鱼汤或酸菜汤就可以进餐了。而改食籼米后，必须每餐炒菜下饭，因此食用油又成了问题。村民为了获得食用油料，开始"开荒"，不得不把村寨附近蓄禁了数百年的古树砍掉，用来栽种油茶林，解决食用油问题。这样一来，侗族村寨附近的自然景观发生改变，砍伐严重的村寨开始出现水源紧张的问题。

二是糯稻种植保存了生物多样性。通道侗寨存在着复杂多样的立体生态，生物资源极其丰富，树木种类繁多，仅乔木就有5000多种，占全国亚热带植物种类的2/5，森林覆盖率高达70%。坪坦河流域曾经拥有极其丰富的生物多样性，不仅包括森林生态系统，也包括糯稻品种的多样性，还包括稻鱼鸭系统中稻、鱼、鸭、浮叶植物、漂浮植物、螺、蚌、虾、泥鳅、黄鳝以及微生物等多种生物群落。生物多样性是生态系统保持平衡和维持自我优化能力的物质基础。侗族地区强行推行矮秆籼稻后，受到外来稻种推广、耕作技术变化等诸多因素的影响，森林被大肆砍伐，糯稻品种大量消失，稻田鱼鸭系统被破坏，物种不断减少，物种退化，给侗寨生物多样性带来了毁灭性的打击。

三是蓄洪和涵养水源。35厘米以上的深水稻田具有巨大的水资源储备潜力，山洪季节可以进行高位蓄水，而在持续干旱季节，稻田蓄水可以通过地下水渠道和直接排放的方式，持续不断地向江河下游补给水资源，其功效等同于一个小型水库。

侗族地区是中国八大林区之一，青山叠翠、碧水萦回，空气清新，这与侗族传统的"义务植树、封山育林"的习俗是分不开的。侗族于9世纪以前就已经定居于湘黔桂边区。他们在走向稻田农业的同时，一直重视对山地资源的开发和利用。这些侗族人工用材林，除了经济效用外，还具有保持水土、维护生态环境、储存淡水资源等诸多潜在的生态效用，不仅对今天，就是对未来也有众多的积极意义。侗族地区盛产杉木，侗族人很早就有人工培育杉木的优良传统，长期以来积累了丰富的植杉经验。这些杉木挺直，质地细密轻韧，耐朽，易于加工，被誉为侗家的"聚宝盆""侗家的金条"。侗寨良好的自然环境使该区域的生物多样性保持在一个较高的水平，多种珍稀动植物在该区域保持着良好的生存状况。因此，该区域被称为生物多样性的基因库。

在漫长的适应与重构过程中，侗族人民逐渐学会了与自然和谐共处的生存之道，这既是侗族朴素的传统生态意识与生态行为，又作为侗族传统文化的有机组成部分，在参与侗族地区人与环境关系的调适和整合中发挥着重要的功能，它约束了人们的掠夺性行为，保护环境，维护生态平衡。在这种文化的熏陶下，侗寨所在地域也具有了更加丰富的生态资源。文化的适应能力具有无可估量的潜力，能够应对各种不同的自然生态环境并形成最佳的耦合方式。外来文化的冲击破坏了这种潜力，这是因为任何外来文化都没有与这里的生态系统结成耦合演替关系，没有经过长期的磨合与积淀。原生文化受损后，耦合演替关系随之失控，原有的偏离必然扩大化，终使相关的自然生态系统出现无法自我恢复的严重受损。近半个世纪以来，侗族地区的自然生态系统不同程度地受损，其根源正在于此。因而维护生态安全对具体的生态系统而言，关键在于尊重当地的原生文化，珍视该种文化所拥有的地方性知识与积累。

（三）对生态危机的屏障

侗族村寨所处地域为我国东南平原地区与西部山地高原之间的过渡低山丘陵，具有明显的过渡性，处于生态过渡带，整个生态系统具有一定的过渡性。根据边界效应原理，此处的生态系统集两侧生态系统的特点，并呈现出多样性。如果过渡带的生态系统遭到破坏，将对两侧生态系统造成影响。可见，侗寨所在地域优良的生态环境，对周边环境特别是东南江河下游平原地区而言，是一道难得的生态屏障。侗族传统文化的资源利用方式，具有较强的仿生倾向，林业、农业以及村寨的建设都遵循崇尚自然、尊重环境、因势利导的最小改动原则，这使得侗族地区生态环境良好，生物多样性高，侗族地区至今还保存着不少濒危的物种。这种在侗族传统文化庇护下形成的区域，充分发挥了物种源斑块的作用，使得周边区域发生生态破坏的概率下降，保护了周围的生态环境，因此起到了良好的生态屏障的作用。

二、传统聚落生态系统的认识

经过 30 多年的发展，我国传统村落保护工作取得了较为显著的成就，但也出现了一些不容忽视的问题，如一些原本鲜活的传统村落由于制订了严格的保护措施，反而变成了毫无生命力的"文化标本"，产生了"保护性破坏"的异象。一些传统村落的核心区得到了保护，但其外围空间环境已被"现代建筑"空间所取代，历史的空间格局和传统风貌荡然无存。还有一些传统村落虽然被列为国家级或省级"历史文化名镇名村"予以保护，但最终人口逐渐外移，致使村落出现"空心化"而成为"废城""废村"，并且有愈演愈烈的趋势。2014 年 1 月 11 日在第五届中国经济前瞻论坛上，国务院发展研究中心主任李伟曾强调说，在一座座小城镇如雨后春笋般成长的同时，记载着华夏文明历史变迁的传统村落数量从 2000 年的 360 万个，减少到 2010 年的 270

万个，10 年就消失了 90 万个，相当于每天消失 300 个自然村落①。到底是什么原因导致传统村落保护中出现"留物不留人""留体不留魂"②和"建设性破坏"现象，这是我们必须从理论和认识上予以回答的问题。

（一）传统村落系统观点

系统思想（System thought）就其最基本的含义来说，是关于事物的整体性观念、相互联系的观念、演化发展的观念③。系统思想是研究事物整体性及其环境的一种思维方式，其主要内容包括：第一，整体的观点，整体与部分是系统思想的重要范畴，系统思想着眼于考察系统的整体性（Wholeness）和整体的涌现性；第二，联系的观点，系统思想所考虑的是系统内各层次间、系统与环境间的关系及物质、能量、信息的流动；第三，有序的观点，系统内元素间的联系制约是有规律、有秩序的；第四，演化的观点，系统的结构、状态、特性、行为、功能等随着时间的推移而发生的变化；第五，适应的观点，在一定的外界环境下，系统通过自组织过程适应环境而出现新的结构、状态或功能，是系统对外界刺激的应答④⑤。

通过对系统思想的分析与梳理，我们得到以下启发：首先，传统村落是一个开放的复杂系统，该系统具有其物质构成、时空结构、模糊边界、动态演变等系统特征及与外界环境间的物质循环、能力流动和信息传递的功能，它与外围经济活动构成了一个有机的整体。现有与传统村落相关的研究中，也不乏一些朴素系统思想分析的成分。如雷蕾认为传统村落是一种文化综合体，由器物、行为、制度、精神四个层面的文化相互关联。其次，传统村落的研究需要各学科的互补、融合与协同。基于传统村落是一个开放复杂系统的认识，对传统村落的研究需要从建筑学、规划学、美学、哲学、地理学、人类学、心理

---

① 京华时报. 专家：中国传统村落数量每天消失 300 个[N/OL]. https://cul.qq. com/a/20140113/005605.htm，2014-01-12.

② 雷蕾. 中国古村镇保护利用中的悖论现象及其原因[J]. 人文地理，2012（5）：94-97.

③ 徐国志. 系统科学[M]. 上海：上海科技教育出版社，2000.

④ 吴元樑. 科学方法论基础[M]. 北京：中国社会科学出版社，1984.

⑤ 高隆昌. 系统学原理[M]. 2 版. 北京：科学出版社，2010.

学甚至风水学的角度开展，需要将传统村落系统置于这个学科大融合的系统中去考察其演变规律和自我适应的能力。但从现有的研究看，虽然研究的出发点不少，但缺少学科间的交流与对话，缺乏内在的系统认识。最后，传统村落需要系统化保护。要改变现有的仅仅保护古建筑的做法，从传统村落系统的组成结构、边界环境、生长适应等方面出发，建立和完善传统村落多层次、全方位的保护体系。

（二）传统村落系统内涵

1. 传统村落系统组成

传统村落是由多层次的结构体系组成的。当处于民居的房间时，首先感觉到的是墙、门窗及其形状、颜色、大小和位置属性，这些影响人的心理感受。当处于传统村落的街道时，人感觉到的是街道的宽度、临街的铺面、地面和天际线等界面要素，这些将影响人的行为特点。但处于更大的空间时，我们就会感觉到这些空间与自然环境发生的联系，体会到人与自然的和谐关系。在此基础上对传统村落的组成要素进行梳理、分析，如图 8-1。

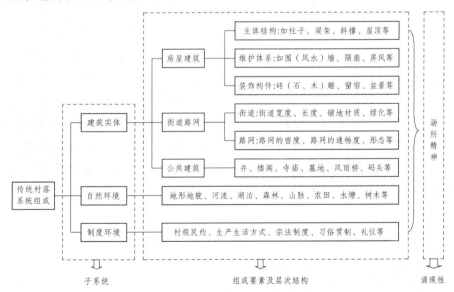

图 8-1 传统村落系统的组成

图片来源：作者自绘

从图 8-1 可以看到，传统村落系统由建筑实体、自然环境、制度环境等子系统所组成，系统之间有机融合。其组成要素包括的内容很多，正如建筑学哲学家吉伯德所说"城市中一切看得到的东西，都是要素"[1]。由这些要素所组成的传统村落系统，具有在要素中难以看到的属性和特征，这就是传统村落系统的涌现性，挪威的建筑哲学家诺伯格·舒尔茨将其表述为"场所精神"，这是一种比场所有着更广泛而深刻的内容和意义的精神，是人的意识和行动在参与的建设过程中获得的一种场所感，一种有意义的空间感[2]。

2. 传统村落系统时空结构

系统的结构方式数不胜数，目前尚无完备的结构分类方法[3]。传统村落作为历史的见证与载体，这里主要从时空结构进行分析。传统村落在形成、发展的过程中，一般遵循了"点—线—面"的时空结构，三者之间形成一个层级结构。首先是点的形成，在广场或其他公共建筑的周边，一些居民点簇拥而建，利用最好的地形和资源条件。随着点密度的增加，这些广场空间逐渐被填充，点的范围不断扩大。随着交通流量的增加，分散的点随着交通路线有了相互联系，并且不断扩展和延伸，这时候点与点之间出现了线——街道开始形成。很多街道的走向和地形是密切相关的，如湘西传统村落的主街道一般平行于河流。街道形成以后，点不断填充交通线两侧，街道的空间层次就变得丰富起来。随着交通的进一步发展，点与点之间的连线越来越多，形成各种方向的街道。多线的发展预示以"面"为特点的地域开始形成，线与线之间互相联系，促进了点的增加，地域范围不断扩大，最终，取决于地形条件可能形成三种类型的空间：线性空间、聚集型空间或组团型空间。传统村落系统的时空结构模式如图 8-2 所示。

---

① 吉伯德. 市镇设计[M]. 程里尧，译. 北京：中国建筑工业出版社，1983.
② 诺伯格·舒尔茨. 实存·空间·建筑[M]. 王淳隆，译. 台北：台隆书店，1985.
③ 徐国志. 系统科学[M]. 上海：上海科技教育出版社，2000.

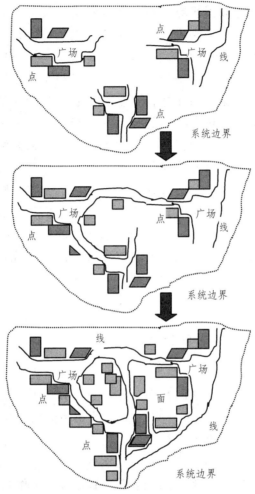

图 8-2　传统村落点、线、面形成过程

图片来源：据魏柯改绘①

3. 传统村落系统演变

　　传统村落是一个开放的复杂系统，其不断与自然环境系统、社会经济系统进行物质循环、能量交换和信息传递，因此传统村落系统也有一个发展演变的过程。目前有些学者对传统村落的发展演变做了一

　　① 魏柯. 四川地区历史文化名镇空间结构研究[M]. 成都：四川大学出版社，2012.

些研究，如段进等分析研究了徽州传统村落发展演变的过程，并将这一过程划分为五个历史阶段：定居阶段、发展阶段、鼎盛阶段、衰落阶段和再发展阶段[①]。普利高津耗散结构理论认为，系统从无序状态过渡到耗散结构有几个必要条件：一是系统必须是开放的，即系统必须与外界进行物质、能量的交换；二是系统必须是远离平衡状态的，系统中物质、能量流和热力学力的关系是非线性的；三是系统内部不同元素之间存在着非线性相互作用，并且需要不断输入能量来维持。传统村落系统自选址建村开始就与外界有了物质循环和信息交换。最初传统村落系统与外界交换的方式是维持生活最基本的物质交换，信息传递流量较小，系统处于弱开放状态。随着社会的发展和市场经济的全面放开，传统村落系统与社会经济系统间的物质交换力度加大，信息传递量也加大，系统呈现高度开放状态。因此传统村落是一个开放的复杂系统，是在内部矛盾和外部环境变化的共同推动下发展演化的（图 7-2）。

（三）传统村落的复杂性

1. 组成结构的复杂性

传统村落系统各要素间存在着复杂的非线性相互作用，导致了在时间、空间、系统运行中产生各种复杂的相关结构。首先从空间上看，传统村落系统是一个由点、线、面要素组成的综合体，它决定了系统过程具有非常复杂的相互依赖和相互制约的关系，各层次之间构成一个网络。其次从时间上看，系统内某一单元由于协作效应、学习效应、自适应预期和管理手段等会导致自强机制、收益递增、阈值效应和各种正、负反馈过程等。最后从系统运行结构看，组分之间相互依存、相互支持、相互制约的涌现性表现比较突出。

2. 环境作用的复杂性

传统村落系统是在一定的自然环境和社会条件下发展起来的，村落的形态、结构、功能与自然环境和社会环境总是息息相关的，自然

[①] 段进，揭明浩. 世界文化遗产宏村传统村落空间解析[M]. 南京：东南大学出版社，2009.

环境是传统村落系统的物质依托，社会环境制约着传统村落对生存观念的理解和为之付出的努力。传统村落受到自然环境和社会环境的双重制约，在不断适应外围环境的过程中迈步前进。

3. 开放性导致的复杂性

上百年以来，由于交通不便、科技发展缓慢等原因，传统村落系统大多处于较为封闭的半开放状态。随着生活水平的提高，人们对精神文化的需求日益增大，传统村落逐渐成为人们体验文化、休闲娱乐的重要场所，传统村落系统在沉睡百年后开始苏醒，呈现全面开放的状态，与环境作用加强，因此导致各种元素的稳定性不断减弱，系统在动态中得到发展，直到达到一个新的平衡。

（四）传统村落系统的保护

1. 根据系统组成要素确定保护对象和内容

首先应开展深入细致的调查工作，对传统村落系统的构成要素进行梳理，在此基础上确定保护对象和保护内容，既要包括传统村落的建筑物、物质文化遗产，也应包括民俗、宗法等非物质文化遗产，还应包括场所精神、周边生态环境、社会经济发展等内容，从而建立一个完整的传统村落系统档案体系。

2. 根据系统与环境的关系划分功能区

借鉴前台、帷幕和后台理论①，对传统村落系统进行功能区划。传统村落系统与环境模糊边界的交界区域为"前台区"，可以适当建设一些传统村落配套服务设施和传统村落村民新居，以满足人口增加和对现代生活条件的需求。传统村落系统所依赖的外围环境为"帷幕区"，影响村落的选址、形态，必须予以保护；"后台区"为传统村落的核心范围，这里集中了古建筑等物质文化遗产和传统民俗风情等非物质文化遗产，必须实行严格的保护措施。

---

① 杨振之. 前台、帷幕、后台——民族文化保护与旅游开发的新模式探索[J].
民族研究，2006（2）: 39-46.

3. 根据系统演化规律引导传统村落进化发展

按照系统的演变规律，大多数传统村落系统将在经济发展和科技进步两大驱动力下，向现代村落系统进化发展。也许有人会觉得遗憾，但正如建筑哲学家雅各布森对美国大城市的死与生所言："如果人们能分享某些东西，那他们就能分享更多的东西。"①既然传统村落有其自身的演化规律，那我们所要做的就是引导其进化并发展。

三、传统村落的当代价值

比较传统村落各种传承保护政策后不难发现，目前人们对中国传统村落基本属性的把握有欠精准，对其当代价值未能有充分的认识。罗康智认为传统村落的当代价值至少包括三个方面：提供生态产品、提供生态服务、提供文化分享②。传统村落自身具有的基本属性及其当代价值，是其得以稳定延续的关键所在。只有掌握这一关键，对传统村落实施的保护与传承对策才具有针对性和有效性，传承与保护的政策和措施也才能落地生根。

（一）蕴含生态文明的新基因

1. 发展历史

生态文明是人类文明发展的一个新阶段，即工业文明之后的文明形态。生态文明是人类遵循人、自然、社会和谐发展这一客观规律而取得的物质与精神成果的总和。党的十七大提出了社会生态文明的理念，强调了生态文明建设的核心。2012 年 11 月，党的十八大从新的历史起点出发，做出"大力推进生态文明建设"的战略决策，从 10 个方面绘出生态文明建设的宏伟蓝图。2015 年 5 月 5 日，中共中央和国务院发布《关于加快推进生态文明建设的意见》。2015 年 10 月，随着十八届五中全会的召开，增强生态文明建设首度被写入国家五年规划。

---

① 雅各布森. 美国大城市的死与生[M]. 金衡山，译. 南京：译林出版社，2006，66-67.
② 罗康智. 中国传统村落的基本属性及当代价值研究[J]. 原生态民族文化学刊，2017，9（3）：76-81.

2018 年 3 月 11 日,第十三届全国人民代表大会第一次会议通过的宪法修正案,将宪法第八十九条"国务院行使下列职权"中第六项"(六)领导和管理经济工作和城乡建设"修改为"(六)领导和管理经济工作和城乡建设、生态文明建设"。

2. 建设内容

十八大报告中关于生态文明建设的重要内容主要包括四个方面:

一是优化国土空间开发格局。国土是生态文明建设的空间载体,必须珍惜每一寸国土。要按照人口资源环境相均衡、经济社会生态效益相统一的原则,控制开发强度,调整空间结构,促进生产空间集约高效、生活空间宜居适度、生态空间山清水秀,给自然留下更多修复空间,给农业留下更多良田,给子孙后代留下天蓝、地绿、水净的美好家园。加快实施主体功能区战略,推动各地区严格按照主体功能定位发展,构建科学合理的城市化格局、农业发展格局、生态安全格局。

二是全面促进资源节约。节约资源是保护生态环境的根本之策。要节约集约利用资源,推动资源利用方式根本转变,加强全过程节约管理,大幅降低能源、水、土地消耗强度,提高利用效率和效益。推动能源生产和消费革命,控制能源消费总量,加强节能降耗,支持节能低碳产业和新能源、可再生能源发展,确保国家能源安全。加强水源地保护和用水总量管理,推进水循环利用,建设节水型社会。严守耕地保护红线,严格土地用途管制。加强矿产资源勘查、保护、合理开发。发展循环经济,促进生产、流通、消费过程的减量化、再利用、资源化。

三是加大自然生态系统和环境保护力度。良好的生态环境是人和社会持续发展的根本基础。要实施重大生态修复工程,增强生态产品生产能力,推进荒漠化、石漠化、水土流失综合治理,扩大森林、湖泊、湿地面积,保护生物多样性。加快水利建设,增强城乡防洪抗旱排涝能力。加强防灾减灾体系建设,提高气象、地质、地震灾害防御能力。坚持预防为主、综合治理,以解决损害群众健康突出环境问题为重点,强化水、大气、土壤等污染防治。坚持共同但有区别的责任原则、公平原则、各自能力原则,同国际社会一道积极应对全球气候变化。

四是加强生态文明制度建设。保护生态环境必须依靠制度。要把资源消耗、环境损害、生态效益纳入经济社会发展评价体系，建立体现生态文明要求的目标体系、考核办法、奖惩机制。建立国土空间开发保护制度，完善最严格的耕地保护制度、水资源管理制度、环境保护制度。深化资源性产品价格和税费改革，建立反映市场供求和资源稀缺程度、体现生态价值和代际补偿的资源有偿使用制度和生态补偿制度。积极开展节能量、碳排放权、排污权、水权交易试点工作。加强环境监管，健全生态环境保护责任追究制度和环境损害赔偿制度。加强生态文明宣传教育，增强全民节约意识、环保意识、生态意识，形成合理消费的社会风尚，营造爱护生态环境的良好风气。

3. 重要启示

十八大提出生态文明建设，为中国乡村文明复兴提供时代契机，传统村落蕴含着生态文明建设的新基因、新文化。在这个背景下，我们最需要做的事，不是着急开发，而是先读懂。目前在传统村落保护中，知比行更重要。与传统村落对话需要一种哲学观，即敬畏天地的天人合一的信仰哲学观，天人相通的风水观、自然生态观，仁善文化教化的心物一体观，借天地之力的智慧科技、数术观，融禅意、诗意一体的美学观。传统村落最大的资产不是物态，是其背后的文化、精神和历史，传统村落复活的基础是传统智慧农业的复兴[①]。调查区内的传统村落不仅拥有相对完整的物质文化遗产，也拥有丰富的非物质文化遗产，是一座文化传承的宝藏。物质文化遗产如保存完整的古民居群、鼓楼群、风雨桥和萨坛等；非物质文化遗产如侗戏、侗族大歌、芦笙、琵琶歌等。这些文化遗产无不体现了农耕文化传统悠久的原居民族在利用自然改造自然的历史过程中所积累的民间智慧和创造力，展示出传统聚落的族群性、地域性特征，对全球化、现代化滥觞的当下如何保存"文化多样性"、维护文化多元共存具有重要的启示价值。

---

① 张孝德. 生态文明新时代传统村落价值与活化再生[J]. 中国生态文明，2017（4）：14-17.

（二）提供乡村振兴的新动力

1. 乡村振兴战略的提出

乡村振兴战略是习近平同志 2017 年 10 月 18 日在党的十九大报告中提出的战略。十九大报告指出，农业农村农民问题是关系国计民生的根本性问题，必须始终把解决好"三农"问题作为全党工作的重中之重，实施乡村振兴战略。2018 年 2 月 4 日，国务院公布了 2018 年中央一号文件，即《中共中央国务院关于实施乡村振兴战略的意见》。2018 年 3 月 5 日，国务院总理李克强在《政府工作报告》中讲到，大力实施乡村振兴战略。2018 年 5 月 31 日，中共中央政治局召开会议，审议《国家乡村振兴战略规划（2018—2022 年）》。2018 年 9 月，中共中央、国务院印发了《乡村振兴战略规划（2018—2022 年）》，并发出通知，要求各地区各部门结合实际认真贯彻落实。乡村振兴战略是一个关乎农村产业、生态、文化建设的综合课题，涵盖了经济、政治、社会、生态、文化多个领域。文化振兴是乡村振兴的题中之义，也是支撑乡村振兴的重要精神动力。传统村落作为传统建筑精髓和群居文化的重要组成部分，是祖先留下的一笔珍贵历史遗产。推动乡村文化振兴，应当深入挖掘传统村落的文化价值，让传统村落留下来、活起来，使人们看得见青山，望得见绿水，记得住乡愁。

2. 主要启示

调查区内坪坦河流域侗族传统聚落作为一个族群的古村落文化，不仅是侗族人在长期的历史时空中对山区生态环境和山区农耕生产的文化适应模式，而且具有不可复制和不可再生的文化价值。其文化价值既生动诠释了"世界文化多样性"的命题，又体现出其对当下全球化、现代化浪潮所导致的同质化生活方式的反思。给乡村振兴战略所带来的启示在于：一是以鼓楼为中心的居住模式。鼓楼的建立是一个家族在村寨独立发展的标志。一个家族，不管人口多寡，都要以鼓楼为中心环居周围。如果说侗族人聚族而居的话，则主要是指聚族居住在鼓楼周边，而不是聚族为寨。以鼓楼为中心聚族而居的居住模式，使得以小农经济为基础的侗族人能够结成大规模侗寨。为了有效防止外敌入侵，对抗自然灾害，增强内部合作效能，侗族人往往需要联合几个甚至十几个姓氏聚集成一个具有自足功能的村寨中。寨内居民以村寨为中心，以大约 4~6 千米为半径，形成了生产生活和宗教活动的聚落空间。在村寨内部不仅可以代代延续物质生活的再生产，而且以鼓楼为单位的父系家庭之间可以形成通婚圈，保证大型聚落的人口再生产。二是以"款"为准则的聚落制度。"款"组织是村寨与村寨之间、区域与区域之间的一种联盟组织，分为小、中、大等不同层次。小款一般由一个大型村寨或数个村寨构成，小款就是一个"熟人"社会或"半熟人社会"。款组织的首领为款首。款首们解决村寨内部的纠纷，处理内外冲突依据的是款约法——款词。在各个村寨，款首通过"讲款"的方式向群众讲授款约法，或者将款约法刻在石碑上，作为村规民约，以约束社会行为。这些"禁约"至今仍然作为一种"文化权力"影响着当地人的价值观念和行为方式。三是以安全为导向的聚居理念。为了应对战乱、匪盗、械斗的威胁，坪坦河的侗族人必须采取聚居的方式，以集体的力量对抗外部侵扰。他们在选址建寨的时候，首先考虑的是村寨的防卫特性，所以大多数侗寨都以山为屏障，依山势将房屋建在坡地或悬崖之上。村寨之外往往是开阔的溶蚀盆地。此类溶蚀盆地底部冲积土极为肥沃，人们尽量将其开辟为农田，以满足大规模人口聚居的需要。这些农田既是侗族人生活资料的主要来源，也是确保侗寨安全的缓冲地。这样的内外布局使得侗寨具有很强的军事防卫性。如侗族学者邓敏文认为，"从村寨结构和文化特质上看，古老的侗寨也具有防卫性军事营垒的功能"[①]。

（三）创新美丽中国的新载体

1."美丽中国"的提出背景

党的十五大报告提出了实施可持续发展战略。十六大以来，在科学发展观指导下，党中央相继提出走新型工业化发展道路，发展低碳经济、循环经济，建立资源节约型、环境友好型社会，建设创新型国家，建设生态文明等新的发展理念和战略举措。十七大报告进一步明确提出了建设生态文明的新要求，并将到 2020 年成为生态环境良好的

[①] 吴浩. 中国侗族村寨文化[M]. 北京：民族出版社，2004：2-3.

国家作为全面建设小康社会的重要目标之一。党的十七届五中全会明确要求"树立绿色、低碳发展理念","绿色发展"被明确写入"十二五"规划并独立成篇，表明我国走绿色发展道路的决心和信心。党的十八大报告中提出"美丽中国"，这是党中央对改革开放以来发展实践的深刻总结，是对传统经济增长方式的反思，更是对人民群众生态诉求日益增长的积极回应。因此，"美丽中国"一词在十八大以后被赋予了新的内涵，蕴藏着多层寓意[①]。

2."美丽中国"的基本内涵

"美丽中国"并不是一个纯美学概念或者纯社会学概念，"美丽中国"是美学概念、生态学概念、社会学概念的统一，是在各学科理论研究基础上的综合概念[②]，具有丰富的内涵。

第一，青山绿水的自然之美。"美丽中国"首先是具有青山绿水的自然之美，通过加强生态建设，让我们的家园山更绿、水更清、天更蓝、空气更清新。改革开放 30 多年来，我国的经济实现了高速增长，创造了世界经济增长的奇迹。自 1979 年至 2012 年，中国经济年均增速达 9.8%，同期世界经济年均增速只有 2.8%，1978 年中国经济总量仅位居世界第十位，2010 年成为世界第二大经济体；经济总量占世界的份额由 1978 年的 1.8%，提高到 2012 年的 11.5%[③]；2013 年，我国城镇化率达到 53.7%，比 2002 年提高 14.7 个百分点，我国城乡结构发生了历史性变化[④]。但是，我们的增长未能摆脱传统经济发展的模式，主要以资源和环境的消耗为基础，在经济高速增长的同时，生态环境也遭到了很大的破坏。自 2010 年以来，我国多地遭遇严重的雾霾天气。生态环境方面的负面效应越来越引起中央的高度重视和老百姓的持续

---

① 人民网. 十八大首提"美丽中国"寓意几多. http://cpc.people.com.cn/pinglun/n/2012/1114/c241220-19573789. html.

② 喻红. 论"美丽中国"视域下的国家新形象与旅游产业建设战略路径[J]. 旅游纵览，2013（7）：34.

③ 国家统计局. 改革开放铸辉煌，经济发展谱新篇——1978 年以来我国经济社会发展的巨大变化. http://www.stats.gov.cn/tjgz/tjdt/201311/t20131106_456188. html.

④ 国家统计局. 2013 年国民经济和社会发展统计公报. http://www.stats.gov.cn/tjsj/zxfb/201402/t20140224_514970. html.

关注。由此可见，打造生态文明，在经济发展的同时保持自然之美是"美丽中国"的题中应有之义，也是其最基本的要求。

第二，天人合一的和合之美。胡锦涛同志曾在省部级主要领导干部提高构建社会主义和谐社会能力专题研讨班上的讲话中指出，构建社会主义和谐社会，就是要实现"民主法治、公平正义、诚信友爱、充满活力、安定有序、人与自然和谐相处"。这六个方面，体现了和谐社会的本质特征。社会和谐之美主要表现为人、自然、社会及其相互关系的协调上。山清水秀但贫穷落后不是"美丽中国"，强大富裕而环境污染不是"美丽中国"。离开经济发展讲环保，那是缘木求鱼。离开环保谈发展经济，那是竭泽而渔。如果人们对食品安全非常担心，吃荤怕激素，吃素怕色素，老人跌倒不敢去扶，有人落水没人去救等，这样的社会情境也称不上"和谐美丽"①。党的十八大报告中"五位一体"的总布局也非常明确地道出了生态与经济、政治、文化、社会同样重要，这五个方面的统一才能共同构建"美丽中国"的整体。所以，"美丽中国"不仅要有人与自然的和谐，更要有人与人的和谐。

第三，温暖心灵的人性之美。人性之美来自家庭的温馨、社会的关爱、世间的友爱，这些不仅绽放出人性之美，而且是增进人们之间感情的桥梁、纽带。在这个世界上，总有一些东西让人们感动共鸣，总有一种情感让人们情不自禁。有一句话说得好，"只要有美丽的中国人，就一定会有美丽的中国"。美丽的中国人是对创造美丽的人的自身要求。从内在本质来看，美是人内心的一种高尚境界。古人说的"真、善、美"和党的十八大所提出的"爱国、敬业、诚信、友善"，虽然表述有别，但本意一致，有异曲同工之妙。它们所描述是人的一种理想追求，是人的内心境界，人类追求真、善、美，就是追求品位，追求觉悟，就是追求快乐的人生。这是美的最高境界。

3. 对"美丽中国"建设的启示

调查区域内的整个侗寨，阡陌交通，池塘纵横，禾晾排排，鸡鸭成群，炊烟袅袅；桥与水、鼓楼与青山、凉亭与水井、木屋群与田坝，

---

① 高建设，丛彩云. "美丽中国"三种情境与制度建设的关系[J]. 重庆科技学院学报（社会科学版），2013（4）：59-61.

与大自然的清新秀丽天然和谐，不经雕饰地融成了一幅完美和谐的图景。这人与自然和谐共处的人居环境中蕴含着更深层次的文化生态价值。一是保护森林和土地的宗教价值观。侗族人民出于对有限土地的珍惜，更出于对土地养育万物的崇敬，把自己村寨附近的古树、山林、巨石、土地、坟山、动物、植物等作为崇拜对象，表达侗族人民对森林和土地的崇拜，有时候还与农事的时令节气和耕作收获紧紧联系在一起。这些对森林和土地等自然崇拜的习俗，是侗民崇拜大自然的产物，是早期人类与自然环境之间相互作用的一种产物。二是顺天合气的生态价值观。侗族先民，把宇宙来源归为"雾"和"风"，是"风"让云开雾散，把自然界变化的原因归结为"风"。因此，侗族在人与自然的关系中，强调感应调适，顺天合气。这种观念广泛影响着侗族人民的生活。侗民认为土地耕种收获不是无止境的，要依靠自然的力量来恢复地力，才能保持土地的持续生产，这就有了世代相袭的"轮歇"制度。村寨和森林的火灾是天降之灾，只能避不能免，那就在森林地带巧设防火林带和火烧养牛场，在村寨巧挖池塘，进行生态防火。三是生态经济的社会价值观。侗族地区的社会经济，主要以农业和林业为主。农林业生产收益，是侗族人民赖以生存的主要经济生活来源。维护农林业生产秩序和建立良好的生态环境，被普遍视为民族发展的基础。因此，侗族把保护和发展森林资源视为本民族生存发展的命脉，产生了保护森林和发展经济的民族法规、民族习俗和生产方式。

参考文献

◆ - - - - - - - - - - -

[1] AGNEW J. Place and politics: the geographical mediation of state and society [M]. Boston and London: Allen and Unwin, 1987: 1-20.

[2] AITKEN S, STUTZ F, PROSSER R, et al. Neighborhood integrity and resident's familiarity: Using a geographic information system to investigate place identity[J]. Journal of Economic and Social Geography, 1993, 21(3): 62-69.

[3] BOTT S E. The development of psychometric scales to measure sense of place[D]. Colorado State University, 2000.

[4] CRESSWELL T. Place: A short introduction [M]. Oxford: Blackwell, 2004.

[5] DON MARTINDALE, RUSSELL GALEN HANSON. Small town and the nation: the conflict of local and trans local forces [M].Westport, Conn: Greenwood, 1970.

[6] EYLES J.The Geography of Everyday Life [A]. GREGORY D, Walford R. Horizons in Human Geography [C]. London: Macmillan, 1989: 102-117.

[7] FU X, et al. Ecological wisdom as benchmark in planning and design[J]. Landscape and Urban Planning, 2016(15): 79-90.

[8] GREENE T C. Cognition and the management of place[C].DRIVER B, et al. Nature and the human spirit. State College, Pa.: Venture Publishing, 1996: 301-310.

[9] GREGORY D, JOHNSTON R, PRATT G. WHATMORE S. (ed.). The dictionary of human geography [M].5th ed. West Sussex (UK): Wiley-Blackwell, 2009.

[10] HARNER J. Place Identity and Copper Mining in Senora, Mexico [J]. Annals of the Association of American Geographers, 2001, 19 (4): 660-680.

[11] HARVEY D. The Condition of Postmodernity[M].Oxford: Brasil Blackwell, 1989: 260-283.

[12] MACKENZIE A F. Place and the Art of Belonging [J]. Cultural Geographies, 2004(11): 115-137.

[13] MALAM L.Geographic Imagination: Exploring Divergent Notions of Identity, Power and Place meanings on Phan-gan Island, Southern Thailand [J]. Asian Pacific Viewpoint, 2008, 49(3): 331-343.

[14] MASSEY D. Power Geometry and a Progressive Sense of Place [A]. BIRD J, CURTIS B, PUTMAN T, et al. Mapping the Futures: Local Cultures, Global Change [C]. London: Routledge, 1993: 60-70.

[15] MARTIN G P. Narratives Great and Small: Neighborhood Change, Place and Identity in Notting Hill [J]. International Journal of Urban and Regional Research, 2005, 29(1): 67-88.

[16] PROSHANSKY, H M. The city and self-identity graduate school and graduate center of the city university of New York[J]. Environment and Behavior, 1978, (10): 147-169.

[17] RELPH E. Place and Placelessness [M]. London: Pion, 1976: 2-46.

[18] SALE, Kirkpatrick Dwellers in the land: The Bioregional vision[M]. San Francisco, Sierra Club, 1985.

[19] SCHNELL S. Creating Narratives of Place and Identity in"Little Sweden, U. S. A"[J]. Geographical Review, 2003, 93(1): 1-29.

[20] TUAN Y F.Topophilia: A Study of Environmental Perception [M]. Englewood Cliffs: Prentice Hall, 1974: 121-125.

[21] TUAN Y F. Space and Place: The perspective of Experience [M]. Minneapolis:Minnesota University Press, 1977: 3-19.

[22] WATERMAN S. Place, Culture and Identity: Summer Music in Upper Galilee [J]. Transaction of the Institute of British Geographers, NS, 1998, 23(2): 253-267.

[23] WATTS M J. Mapping Meaning, Denoting difference, Imagining Identity: Dialectical Images and Postmodern Geographies [J]. Geografiska Annaler, series B, 1991, 73(1): 7-16.

[24] WCED. Our common future (The Brundtland Report)[M]. Oxford: Oxford University Press, 1987: 46-48.

[25] WILLIAMS D R, ROGGENBUCK J W. Measuring place attachment: some preliminary results[M]. Proceeding of NRPA Symposium on Leisure Research, San Antonio, TX, 1989.

[26] WILLIAMS D R, PATTERSON M E, ROGGENBUCK J W. Beyond the commodity metaphor: Examining emotional and symbolic attachment to place[J]. Leisure Sciences, 1992(14): 29-46.

[27] WRIGHT J K.Terrae Incognita: The Place of Imagination in Geography[J]. Annals of the Association of American Geographers, 1947(37): 1-15.

[28] Xiang W. Doing Real and Permanent Good in Landscape and Urban Planning:Ecological Wisdom for Urban Sustainability[J]. Landscape and Urban Planning, 2014(12): 65-69.

[29] YOUNG T. Place Matters [J]. Annals of the Association of American Geographers, 2001, 91(4): 681-682.

[30] ZUBE E H, SELL J L, TAYLOR J G. Landscape perception [J]. Landscape Planning, 1982, (9): 1-33.

[31] R. J. 约翰斯顿. 人文地理学词典[M]. 柴彦威, 等译. 北京: 商务印书馆, 2004.

[32] 米歇尔·福柯. 学术前沿: 疯癫与文明[M]. 4 版. 刘北成, 杨远婴, 译. 北京: 生活·读书·新知三联书店, 2012.

[33] 原广司. 世界聚落的教示: 100[M]. 于天炜, 译. 北京: 中国建筑工业出版社. 2003.

[34] 吉伯德. 市镇设计[M]. 程里尧, 译. 北京: 中国建筑工业出版社, 1983.

[35] 诺伯格·舒尔茨. 实存·空间·建筑[M]. 王淳隆, 译. 台北: 台隆书店, 1985.

[36] 雅各布森. 美国大城市的死与生[M]. 金衡山，译. 江苏：译林出版社，2006.

[37] 安丰. 瑶族林木生态伦理思想探析[J]. 广西民族大学学报，2011，33（6）：107-111.

[38] 包庆德，张燕. 关于绿色消费的生态哲学思考[J]. 自然辩证法研究,2004（2）：6-11.

[39] 包庆德，彭月霞. 生态哲学之维：自然价值的双重性及其统一[J]. 内蒙古大学学报（人文社科版），2006（2）：3-8.

[40] 池丽萍，苏谦. 青少年的地方依恋：测量工具及应用[J]. 中国健康心理学杂志，2011，19（12）：1523-1526.

[41] 蔡凌. 侗族聚居区的传统村落与建筑[M]. 北京：中国建筑工业出版社，2007.

[42] 蔡晓梅，刘晨，朱竑. 大学的怀旧意象及其空间性建构——以中山大学为例[J]. 地理科学，2013，21（5）：87-92.

[43] 蔡晓梅，朱竑，刘晨. 情境主题餐厅员工地方感特征及其形成原因——以广州味道云南食府为例[J]. 地理学报，2012，67（2）：239-252.

[44] 蔡寅春，方磊. 非物质文化遗产传承与旅游业融合发展：动力、路径与实例[J]. 四川师范大学学报(社会科学版)，2016，43（01）：57-62.

[45] 柴焕波. 湘西古文化钩沉[M]. 长沙：岳麓书社，2007：135-137.

[46] 陈利顶. 城市雨洪管控需要生态智慧的引领[J]. 生态学报，2016，36（16）：4932-4934.

[47] 陈小刚. 墨家生态智慧及其当代价值[J]. 湖北职业技术学院学报，2018，21（1）：87-91.

[48] 陈鼓应. 老子今注今译[M]. 北京：商务印书馆 2003：169.

[49] 陈晓亮. 地方性的积累与消费——"荔枝湾"的浮现与"恩宁路"的消隐[J]. 旅游学刊，2013，28（4）：10-11.

[50] 陈浩彬. 智慧概念与测量的现状与展望[J]. 赣南师范大学学报，2019（2）：118-123.

[51] 陈红兵，杨晓春. 传统生态思想文化的局限及其当代转型[J]. 思

想战线，2019，45（2）：165-173.

[52] 陈茂昌. 论生态恶化之成因——侗族文化转型与生态系统耦合演替[J]. 贵州民族研究，2005（4）：74-79.

[53] 程艳. 侗族传统建筑及其文化内涵解析——以贵州、广西为重点[D]. 重庆：重庆大学建筑城规学院，2004.

[54] 常春光，贾兆楠. 县域经济评价理论创新与体系构建[J]. 科技进步与对策，2011，28（13）：94-97.

[55] 杜鹏. "法治双轨制"：我国社会转型期少数民族习惯法与国家法的互惠机制——以侗族款约法为例[J]. 原生态民族文化学刊，2018，10（2）：79-85.

[56] 段进，揭明浩. 世界文化遗产宏村传统村落空间解析[M]. 南京：东南大学出版社，2009.

[57] 邓美成，屈运炳. 湖南省地理[M]. 长沙：湖南师范大学出版社，1992.

[58] 封志明. 全球耕地资源变化态势及我国应采取的对策[J]. 国土与自然资源研究，1994（2）：69-73.

[59] 封丹，WERNER BREITUNG，朱竑. 住宅郊区化背景下门禁社区与周边邻里关系——以广州丽江花园为例[J]. 地理研究，2011，30（1）：61-70.

[60] 方志远，冯淑华. 江西古村落的空间分析及旅游开发比较[J]. 江西社会科学，2004（8）：220-223.

[61] 方磊. 乡村振兴战略下民族村寨旅游业的转型升级探讨——以湖南怀化为例[J]. 怀化学院学报，2018，37（9）：37-40.

[62] 方磊. 融合与共生：通道坪坦河流域侗寨寨门研究[J]. 民族论坛，2015（5）：12-15.

[63] 方磊. "美丽中国"的内涵与旅游业创新发展路径[J]. 怀化学院学报，2015，34（2）：28-30.

[64] 方磊. 湖南洪江市古村落群空间分析与开发对策[J]. 地域研究与开发，2014，33（2）：112-116.

[65] 方磊. 武陵山片区经济协同发展的系统哲学思辨[J]. 怀化学院学报，2014，33（2）：47-49.

[66] 方磊，唐德彪. 夜郎文化旅游项目的比较及启示[J]. 贵州民族研究，2013，34（5）：151-154.

[67] 方磊. 基于生态位古村落旅游竞争的仿生学研究[J]. 商业研究，2013（10）：204-210.

[68] 方磊，唐德彪. 古村落旅游开发潜力模糊评测及实证研究[J]. 开发研究，2013（3）：74-76.

[69] 方磊，王文明. 大湘西古村落分类与分区研究[J]. 怀化学院学报，2013（1）：1-4.

[70] 方磊，王文明. 传统村落系统的复杂性认识及保护新视角[J]. 系统科学学报，2014，22（3）：63-66.

[71] 方磊，王文明. 湘西地区古村落资源分布与旅游开发研究[J]. 资源开发与市场，2013，29（5）：550-552.

[72] 高伟洁. 孔子生态智慧探微——以《论语》为核心的考察[J]. 河南社会科学，2017，25（12）：120-124.

[73] 高小和. 关于中国西部村落生态智慧的理性阐释[J]. 曲靖师范学院学报，2009，28（5）：1-5.

[74] 高建设，丛彩云. "美丽中国"三种情境与制度建设的关系[J]. 重庆科技学院学报（社会科学版），2013（4）：59-61.

[75] 高隆昌. 系统学原理[M]. 2版. 北京：科学出版社，2010.

[76] 顾宋华. 休闲者的地方感研究——以环西湖休闲往区为例[D]. 杭国家旅游局资源开发司，中国科学院地理所.

[77] 国家旅游局资源开发司，中国科学院地理所.中国旅游资源普查规范（试行稿）[M]. 北京：中国旅游出版社，1993：4-8.

[78] 国家质量监督检验检疫总局. 人居环境气候舒适度（GB/T 27963—2011）[S]. 北京：中国标准出版社，2011.

[79] 郭倩一. 我国传统文化中生态文明思想及其当代价值研究[D]. 锦州：渤海大学，2015：8.

[80] 郭齐勇. 王阳明的生命关怀与生态智慧[J]. 深圳大学学报（人文社会科学版），2018，35（1）：134-140.

[81] 何海兵. 大湘西县域经济综合实力空间特征分析[J]. 乐山师范学院学报，2008，23（10）：119-122.

[82] 何如意. 道家的生态伦理智慧及其现代启示[J]. 安徽文学, 2018 （8）: 127-129.

[83] 胡静. 中国传统生态思想资源综论之儒家篇[J]. 社会科学动态, 2018（12）: 53-62.

[84] 胡可涛. 现代性视域下的佛教生态智慧[J]. 哈尔滨工业大学学报 （社会科学版）, 2015, 17（2）: 116-120.

[85] 湖南省通道侗族自治县县志编纂委员会. 通道县志[M]. 北京: 民族出版社, 1999.

[86] 湖南省少数民族古籍办公室. 侗款[M]. 长沙: 岳麓书社, 1988.

[87] 黄小珍. "尊道"在于"贵德": 老子的生态伦理意蕴[J]. 南京林 业大学学报（人文社会科学版）, 2018（3）: 20-28.

[88] 黄朴民, 林光华. 老子解读[M]. 北京: 中国人民大学出版社, 2011: 21.

[89] 黄向, 保继刚, Wall Geoffrey. 场所依赖: 一种游憩行为现象的 研究框架[J]. 旅游学刊, 2006（21）: 19-24.

[90] 黄向, 温晓珊. 基于 VEP 方法的旅游地地方依恋要素维度分析 ——以白云山为例[J]. 人文地理, 2012（6）: 103-109.

[91] 黄炎平. 阿兰·奈斯论深层生态学的哲学基础[J]. 湘潭大学社会 科学学报, 2002, 26（4）: 43-46.

[92] 霍尔姆斯·罗尔斯顿. 环境伦理学: 大自然的价值以及人对大自 然的义务[M]. 杨通进译. 北京: 中国社会科学出版社, 2000.

[93] 姜又春, 禹四明. 侗族村寨聚居模式的空间结构与文化表征[J]. 原生态民族文化学刊, 2017, 9（3）: 82-87.

[94] 姜又春. 从"移民"到"土著"——坪坦河申遗侗寨的历史记忆 与社会建构[J]. 民族论坛, 2015（8）: 40-45.

[95] 姜又春. 从"补拉"联姻和拟制血缘到地域社会整合——坪坦河 申遗侗寨的迁徙与聚居[J]. 怀化学院学报, 2015, 34（8）: 1-5.

[96] 老子. 道德经全书[M]. 昆明: 云南人民出版社, 2013: 167.

[97] 刘成波. 论当代大学生思想政治教育中的生态道德教育[J]. 生态 经济, 2008（2）: 78-81.

[98] 刘华斌, 古新仁. 传统村落水生态智慧与实践研究——乡村振兴

背景下江西抚州流坑古村的启示[J]. 三峡生态环境监测，2018，3（4）：51-57.

[99] 刘于清. 中国古代游记中的环境伦理思想研究[D]. 吉首：吉首大学，2016.

[100] 刘卫平，陈敬胜. 瑶族生态智慧对新时代美丽乡村建设的价值启示[J]. 民族论坛，2018（4）：86-90.

[101] 刘博，朱竑，袁振杰. 传统节庆在地方认同建构中的意义——以广州"迎春花市"为例[J]. 地理研究，2012，31（12）：2197-2208.

[102] 刘沛林. 古村落：和谐的人聚空间[M]. 上海：上海三联书店，1997：23-25.

[103] 刘南威. 自然地理学[M]. 北京：科学出版社，2002：278-284.

[104] 刘安. 淮南子全译[M]. 许匡一，译注. 贵阳：贵州人民出版社，1993：103.

[105] 罗康隆. 论民族生计方式与生存环境的关系[J]. 中央民族大学学报（哲学社会科学版），2004（5）：44-51.

[106] 罗康隆，侗族传统人工营林业的社会组织运行分析[J]. 贵州民族研究，2001，（21）2：34-39.

[107] 罗康隆. 侗族传统生计方式与生态安全的文化阐释[J]. 思想战线，2009（2）：35-38.

[108] 罗康隆，彭书佳."栽岩"的神圣性与社区"资源边界"的稳定——来自黄岗侗族村落的田野调查[J]. 中央民族大学学报（哲学社会科学版），2012，39（3）：12-17.

[109] 罗康智. 中国传统村落的基本属性及当代价值研究[J]. 原生态民族文化学刊，2017，9（3）：76-81.

[110] 罗康智. 生态文明建设语境下的中国传统村落保护[J]. 原生态民族文化学刊，2019，11（1）：79-85.

[111] 柳肃. 湘西民居[M]. 北京：中国建筑工业出版社，2008：10-18.

[112] 雷毅. 深层生态学：阐释与整合[M]. 上海：上海交通大学出版社，2012：67.

[113] 李晓蕾. 高校思想政治教育生态系统建设研究[J]. 教育评论，2012（4）：36-39.

[114] 李松柏，苏冰涛. "生态贫民"对国家生态保护政策认同度研究：以秦巴山区为例[J]. 科学·经济·社会，2012，30（1）：5-10.

[115] 李子蓉，赖莉芬，张莹，等. 泉州传统民居的生态智慧探析及启示[J]. 青岛理工大学学报，2018，39（2）：58-63.

[116] 李佳璇，伏玉玲，象伟宁，等. 生态智慧与当代城市绿地建设[J]. 北方园艺，2015，16：87-93.

[117] 雷蕾. 中国古村镇保护利用中的悖论现象及其原因[J]. 人文地理，2012（5）：94-97.

[118] 龙耀宏. "栽岩"及《栽岩规例》研究[J]. 贵州民族学院学报（哲学社会科学版），2012（3）：1-6.

[119] 林良斌. 侗款，几千年的道德信念之歌[J]. 民族论坛 2012（1）：48-49.

[120] 马军. 瑶族传统文化中的生态知识与减灾[J]. 云南民族大学学报（哲学社会科学版），2012，29（2）：32-35.

[121] 马治军. 道在途中——中国生态批评的理论生成[D]. 苏州：苏州大学，2012.

[122] 孟露. 大学生思想政治教育中的生态观研究[J]. 四川师范大学学报，2012（8）：76-78.

[123] 蒙培元. 孔子天人之学的生态意义[J]. 中国哲学史，2002（2）：21-28.

[124] 毛国辉. 侗族传统干栏式民居气候适应与功能整合研究[D]. 长沙：湖南大学，2012.

[125] 潘盛之. 侗族传统文化与人工林业生产[M]//人类学与西南民族. 昆明：云南大学出版社，1998：306-307.

[126] 彭聃龄. 普通心理学[M]. 北京：北京师范大学出版社，2003，170.

[127] 钱俊希，钱丽芸，朱竑. "全球的地方感"理论述评与广州案例解读[J]. 人文地理，2011（6）：40-44.

[128] 钱俊希. 地方性研究的理论视角及其对旅游研究的启示[J]. 旅游学刊，2013，28（3）：5-7.

[129] 任俊华. 论儒道佛生态伦理思想[J]. 湖南社会科学，2008（6）：27-31.

[130] 帅瑞芳，张应杭. 论老子"道法自然"命题中的和谐智慧[J] 自然辩证法通讯，2008（4）：14-18.

[131] 佘正荣. 略论马克思和恩格斯的生态智慧[J]. 宁夏社会科学，1992（3）：18-23.

[132] 苏勤，钱树伟. 世界遗产地旅游者地方感影响关系及机理分析——以苏州古典园林为例[J]. 地理学报，2012，67（8）：1137-1148.

[133] 孙亦平. 论道教生态智慧的当代价值[J]. 江苏行政学院学报，2018（1）：21-26.

[134] 孙秋云. 文化人类学教程[M]. 北京：民族出版社，2004.

[135] 沈瓒，五溪蛮图志[M]. 伍新福，校. 长沙：岳麓书社，2012，211-156.

[136] 唐文跃. 地方感研究进展及研究框架[J]. 旅游学刊，2007，22（11）：70-77.

[137] 唐文跃. 皖南古村落居民地方依恋特征分析——以西递、宏村、南屏为例[J]. 人文地理，2011（3）：51-55.

[138] 唐文跃，张捷，罗浩. 古村落居民地方依恋与资源保护态度的关系——以西递、宏村、南屏为例[J]. 旅游学刊，2008，23（10）：87-92.

[139] 唐文跃. 地方性与旅游开发的相互影响及其意义[J]. 旅游学刊，2013，28（4）：9-10.

[140] 王绍增，象伟宁，刘之欣. 从生态智慧的视角探寻城市雨洪安全与利用的答案[J]. 生态学报 2016，36（16）：4921-4925.

[141] 王秀红. 阿伦·奈斯深层生态学思想研究[D]. 武汉：湖北大学，2017.

[142] 王英. 超越"人类中心主义"何以可能[D]. 贵阳：贵州师范大学，2009.

[143] 王秀红. 阿伦·奈斯深层生态学思想研究[D]. 武汉：湖北大学，2017.

[144] 王国轩. 论语大学中庸[M]. 北京：中华书局，2010：83.

[145] 王立平，王正. 中国传统文化中的生态思想[J]. 东北师大学报（哲学社会科学版），2011（5）：191-192.

[146] 王其亨. 风水理论研究.[M]. 天津：天津大学出版社，1992：26-28.

[147] 王鉴，安富海. 地方性知识视野中的民族教育问题——甘南藏区地方性知识的社会学研究[J]. 甘肃社会科学，2012（6）：247-250.

[148] 伍光和，等. 自然地理学[M]. 北京：高等教育出版社，2005.

[149] 伍光和，田连恕，胡双熙，等. 自然地理学[M]. 3版. 北京：高等教育出版社，2005.

[150] 吴必虎. 区域旅游规划原理[M]. 北京：中国旅游出版社，2001：5-7.

[151] 吴浩. 中国侗族村寨文化[M]. 北京：民族出版社，2004.

[152] 元塿. 科学方法论基础[M]. 北京：中国社会科学出版社，1984.

[153] 魏柯. 四川地区历史文化名镇空间结构研究[M]. 成都：四川大学出版社，2012.

[154] 许玮. 阿伦·奈斯"生态智慧"及其对中国生态文明建设的启示[D]. 北京：北京林业大学，2011.

[155] 徐晓光."栽岩"的社会功能及其民族法文化特征[J]. 贵州警官职业学院学报，2014（6）：47-56.

[156] 徐国志. 系统科学[M]. 上海：上海科技教育出版社，2000.

[157] 席建超，葛全胜，成升魁，等. 旅游资源群：概念特征、空间结构、开发潜力研究——以全国汉地佛教寺院旅游资源为例[J]. 资源科学，2004，26（1）：91-99.

[158] 谢伯军，姜又春. 坪坦河流域传统侗寨土地利用模式分析[J]. 怀化学院学报，2015，34（12）：5-8.

[159] 谢伯军，姜又春. 坪坦河流域传统乡村聚落地理研究[J]. 怀化学院学报.2016，35（12）：6-9.

[160] 夏长阳. 走进五溪大湘西[M]. 天津：百花文艺出版社，2008，30-35.

[161] 向东进，谢名义. 县域经济发展综合评价方法及其应用[J]. 统计与决策，2010（4）：65-67.

[162] 杨东魁. 老子生态智慧对当代环境危机的启示[J]. 文化学刊，2019（2）：30-32.

[163] 杨槿，朱竑. "邻避主义"的特征及影响因素研究——以番禺垃圾焚烧发电厂为例[J]. 世界地理研究，2013，22（1）：148-157.

[164] 杨伟民. 建设生态文明打造美丽中国——深入学习贯彻习近平同志关于生态文明建设的重要论述[N]. 人民日报，2016-10-14，07.

[165] 杨振之. 前台、帷幕、后台——民族文化保护与旅游开发的新模式探索[J]. 民族研究，2006（2）：39-46.

[166] 杨柳. 建筑气候学[M]. 北京：中国建筑工业出版社，2010.

[167] 喻红. 论"美丽中国"视域下的国家新形象与旅游产业建设战略路径[J]. 旅游纵览，2013（7）：34-37.

[168] 袁振杰，朱竑. 跨地方对话与地方重构——从"炼狱"到"天堂"的石门坎[J]. 人文地理，2013（2）：53-60.

[169] 余卫国. 儒家生态伦理思想的核心价值和出场路径[J]，西南民族大学学报（人文社会科学版），2014（2）：45-47.

[170] 颜文涛，王云才，象伟宁. 城市雨洪管理实践需要生态实践智慧的引导[J]. 生态学报，2016，36（16）：4926-4928.

[171] 尹立杰，张捷，韩国圣. 基于地方感视角的乡村居民旅游影响感知研究——以安徽省天堂寨为例[J]. 地理研究，2012，31（10）：1916-1926.

[172] 朱竑，钱俊希，陈晓亮. 地方与认同：欧美人文地理学对地方的再认识[J]. 人文地理，2010，25（6）：1-6.

[173] 朱竑，钱俊希，吕旭萍. 城市空间变迁背景下的地方感知与身份认同研究——以广州小洲村为例[J]. 地理科学，2012，32（1）：18-24.

[174] 朱竑，刘博. 地方感、地方依恋与地方认同等概念的辨析及研究

启示[J]. 华南师范大学学报（自然科学版），2011，32（1）：1-7.

[175] 朱竑，郭春兰. 本土化与全球化在村落演化中的响应——深圳老福音村的死与生[J]. 地理学报，2009，64（8）：967-977.

[176] 朱晓明. 试论古村落的评价标准[J]. 古建园林技术，2001（4）：53-55.

[177] 邹统钎，等. 旅游学术思想流派[M]. 天津：南开大学出版社，2013：2

[178] 邹伏霞，阎友兵，王忠. 基于场所依的旅游地景观设计[J]. 地理与地理信息科学，2007，23（4）：81-83.

[179] 张华. 生态美学及其在当代中国的建构[M]. 北京：中华书局，2006：84.

[180] 张明. 中国传统文化中的生态智慧[J]. 环境教育，2011（10）：43-47.

[181] 张松辉. 庄子释注与解析[M]. 北京：中华书局，2011：10.

[182] 张广瑞. 旅游规划的理论与实践[M]. 北京：社会科学文献出版社，2004：100-108.

[183] 张振威. 生态智慧的制度之维——论法律在城乡生态实践中的作用[J]. 国际城市规划，2107，32（4）：48-53.

[184] 张智启. 古村落的认定研究[D]. 天津：天津大学，2009.

[185] 张孝德. 生态文明新时代传统村落价值与活化再生[J]. 中国生态文明，2017（4）：14-17.

[186] 张应强. 木材之流动——清代清水江下游地区的市场、权力与社会[M]. 北京：生活·读书·新知三联书店，2006.

[187] 赵济. 中国自然地理[M]. 3版. 北京：高等教育出版社，1995.

[188] 庄春萍，张建新. 地方认同：环境心理学视角下的分析[J]. 心理科学进展，2011，19（9）：1387-1396.

[189] 郑衡泌. 民间祠神视角下的地方认同形成和结构——以宁波广德湖区为例[J]. 地理研究，2012，31（12）：2209-2219.

[190] 周慧玲，许春晓. 旅游者"场所依恋"形成机制的逻辑思辨[J]. 北京第二外国语学院学报，2009（1）：22-26.

[191] 邹伏霞，阎友兵，王忠. 基于场所依的旅游地景观设计[J]. 地

理与地理信息科学，2007，23（4）：81-83.

[192] 邹伯科. 通道，因坪坦河而成[N]. 潇湘晨报，2014-06-25，04.

[193] 周大鸣. 文化人类学概论[M]. 广州：中山大学出版社，2009.

[194] 中共中央宣传部. 习近平新时代中国特色社会主义思想三十讲
[M]. 北京：学习出版社，2018：242.

后 记

◆----------

　　近些年来，地方政府依托传统村落，大力发展旅游业，一方面为地方经济发展做出了较大贡献，但另一方面，随之出现的危机也不容我们漠视。这类危机主要表现在：民族社区为了追求商业利益而对民族文化的庸俗表达或对民族文化做粗浅的展现；传统村落为迎合游客体验短暂的快感的需要，在发展旅游的时候采取了"舞台化"的表现手法。这些现象也曾被西方学者描述为"无深度文化"、旅游的"迪斯尼化""麦当劳化""假事件""传统的凝固""后时髦现象""帝国主义行为"等。今天我们都喜欢谈乡村，但乡村似乎离我们越来越远。近些年来频繁发生城市洪涝"看海"，大多传统村落却能"独善其身"，展示出其与自然和谐共生的人地关系。千百年来，这些传统村落拥有超强的生态修复和纠偏能力，其所拥有的生态智慧密钥是什么？传统村落给我们的启示何在？带着这样的目的，作者开始了本课题的实地调查与书稿撰写。

　　前后经历了三年左右的时间，书稿终于告竣，掩卷思量，感慨万千。在书稿的写作过程中，作者深刻感到"学无止境"与"力有不逮"的压力。面对浓缩着中国千年文明秘密的传统村落，我们认为只是做了一些微小的工作和尝试，还远未能够读懂传统村落蕴含的生态基因。即使只是小的尝试，如果没有各位同行专家、老师、同事的帮助，本书不可能付梓。因此，我要特别感谢侗款省级非物质文化遗产传承人吴祥跃、侗族木构建筑营造技艺非物质文化遗产传承人李奉安两位老先生，感谢通道县民宗局林良斌、石志运、黄克伟等地方文史研究者，感谢吉首大学张建永、罗康隆两位专家，感谢湖南省民间非物质文化研究基地唐德彪、袁尧清、王文明、王幼凡、王晴晴、姜又春、姜莉芳、谌立平、彭黎、谢伯军、杨清波等同事提供的帮助和指导，感谢西南交通大学出版社的鼎力支持，感谢编辑同志为本书付出的大量心血，同时也非常感谢书稿中所引用和参考的文献资料的专家作者，在此一并表达深深的谢意。由于种种原因，书稿中可能存在诸多问题，恳请读者批评宽容。